格致方法·定量研究系列 吴晓刚 主编

数据分析概论

[美] 迈克尔·S.刘易斯-贝克（Michael S.Lewis-Beck） 著

洪岩璧 译

SAGE Publications, Inc.

格致出版社 上海人民出版社

图书在版编目(CIP)数据

数据分析概论/(美)迈克尔·S.刘易斯-贝克著；
洪岩璧译.—上海：格致出版社：上海人民出版社，
2019.8
(格致方法·定量研究系列)
ISBN 978-7-5432-3038-5

Ⅰ.①数… Ⅱ.①迈… ②洪… Ⅲ.①统计数据-统
计分析 Ⅳ.①O212.1

中国版本图书馆CIP数据核字(2019)第159453号

责任编辑 顾 悦
美术编辑 路 静

格致方法·定量研究系列
数据分析概论
[美]迈克尔·S.刘易斯-贝克 著
洪岩璧 译

出　版	格致出版社
	上海人民出版社
	(200001 上海福建中路193号)
发　行	上海人民出版社发行中心
印　刷	浙江临安曙光印务有限公司
开　本	920×1168 1/32
印　张	4.5
字　数	89,000
版　次	2019年8月第1版
印　次	2019年8月第1次印刷

ISBN 978-7-5432-3038-5/C·222
定　价 35.00元

出版说明

由香港科技大学社会科学部吴晓刚教授主编的"格致方法·定量研究系列"丛书，精选了世界著名的SAGE出版社定量社会科学研究丛书，翻译成中文，起初集结成八册，于2011年出版。这套丛书自出版以来，受到广大读者特别是年轻一代社会科学工作者的热烈欢迎。为了给广大读者提供更多的方便和选择，该丛书经过修订和校正，于2012年以单行本的形式再次出版发行，共37本。我们衷心感谢广大读者的支持和建议。

随着与SAGE出版社合作的进一步深化，我们又从丛书中精选了三十多个品种，译成中文，以飨读者。丛书新增品种涵盖了更多的定量研究方法。我们希望本丛书单行本的继续出版能为推动国内社会科学定量研究的教学和研究作出一点贡献。

总序

2003年，我赴港工作，在香港科技大学社会科学部教授研究生的两门核心定量方法课程。香港科技大学社会科学部自创建以来，非常重视社会科学研究方法论的训练。我开设的第一门课"社会科学里的统计学"(Statistics for Social Science)为所有研究型硕士生和博士生的必修课，而第二门课"社会科学中的定量分析"为博士生的必修课(事实上，大部分硕士生在修完第一门课后都会继续选修第二门课)。我在讲授这两门课的时候，根据社会科学研究生的数理基础比较薄弱的特点，尽量避免复杂的数学公式推导，而用具体的例子，结合语言和图形，帮助学生理解统计的基本概念和模型。课程的重点放在如何应用定量分析模型研究社会实际问题上，即社会研究者主要为定量统计方法的"消费者"而非"生产者"。作为"消费者"，学完这些课程后，我们一方面能够读懂、欣赏和评价别人在同行评议的刊物上发表的定量研究的文章；另一方面，也能在自己的研究中运用这些成熟的方法论技术。

上述两门课的内容，尽管在线性回归模型的内容上有少量重复,但各有侧重。"社会科学里的统计学"从介绍最基本的社会研究方法论和统计学原理开始,到多元线性回归模型结束,内容涵盖了描述性统计的基本方法、统计推论的原理、假设检验、列联表分析、方差和协方差分析、简单线性回归模型、多元线性回归模型,以及线性回归模型的假设和模型诊断。"社会科学中的定量分析"则介绍在经典线性回归模型的假设不成立的情况下的一些模型和方法,将重点放在因变量为定类数据的分析模型上,包括两分类的 logistic 回归模型、多分类 logistic 回归模型、定序 logistic 回归模型、条件 logistic 回归模型、多维列联表的对数线性和对数乘积模型、有关删节数据的模型、纵贯数据的分析模型,包括追踪研究和事件史的分析方法。这些模型在社会科学研究中有着更加广泛的应用。

修读过这些课程的香港科技大学的研究生,一直鼓励和支持我将两门课的讲稿结集出版,并帮助我将原来的英文课程讲稿译成了中文。但是,由于种种原因,这两本书拖了多年还没有完成。世界著名的出版社 SAGE 的"定量社会科学研究"丛书闻名遐迩,每本书都写得通俗易懂,与我的教学理念是相通的。当格致出版社向我提出从这套丛书中精选一批翻译,以飨中文读者时,我非常支持这个想法,因为这从某种程度上弥补了我的教科书未能出版的遗憾。

翻译是一件吃力不讨好的事。不但要有对中英文两种语言的精准把握能力,还要有对实质内容有较深的理解能力,而这套丛书涵盖的又恰恰是社会科学中技术性非常强的内容,只有语言能力是远远不能胜任的。在短短的一年时间里,我们组织了来自中国内地及香港、台湾地区的二十几位研究生参与了这项工程，他们当时大部分是香港科技大学的硕士和博士研究生，受过严格的社会科学统计方法的训练，也有来自美国等地对定量研究感兴趣的博士研究生。他们是香港科技大学社会科学部博士研究生蒋勤、李骏、盛智明、叶华、张卓妮、郑冰岛，硕士研究生贺光烨、李兰、林毓玲、肖东亮、辛济云、於嘉、余珊珊，应用社会经济研究中心研究员李俊秀；香港大学教育学院博士研究生洪岩璧；北京大学社会学系博士研究生李丁、赵亮员；中国人民大学人口学系讲师巫锡炜；中国台湾"中央"研究院社会学所助理研究员林宗弘；南京师范大学心理学系副教授陈陈；美国北卡罗来纳大学教堂山分校社会学系博士候选人姜念涛；美国加州大学洛杉矶分校社会学系博士研究生宋曦；哈佛大学社会学系博士研究生郭茂灿和周韵。

参与这项工作的许多译者目前都已经毕业，大多成为中国内地以及香港、台湾等地区高校和研究机构定量社会科学方法教学和研究的骨干。不少译者反映，翻译工作本身也是他们学习相关定量方法的有效途径。鉴于此，当格致出版社和 SAGE 出版社决定在"格致方法 · 定量研究系列"丛书中推出另外一批新品种时，香港科技大学社会科学部的研究生仍然是主要力量。特别值得一提的是，香港科技大学应用社会经济研究中心与上海大学社会学院自 2012 年夏季开始，在上海（夏季）和广州南沙（冬季）联合举办"应用社会科学研究方法研修班"，至今已经成功举办三届。研修课程设计体现"化整为零、循序渐进、中文教学、学以致用"的方针，吸引了一大批有志于从事定量社会科学研究的博士生和青年学者。他们中的不少人也参与了翻译和校对的工作。他们在繁忙的学习和研究之余，历经近两年的时间，完成了三十多本新书的翻译任务，使得“格致方法·定量研究系列”丛书更加丰富和完善。他们是：东南大学社会学系副教授洪岩璧，香港科技大学社会科学部博士研究生贺光烨、李忠路、王佳、王彦蓉、许多多，硕士研究生范新光、缪佳、武玲蔚、臧晓露、曾东林，原硕士研究生李兰，密歇根大学社会学系博士研究生王骁，纽约大学社会学系博士研究生温芳琪，牛津大学社会学系研究生周穆之，上海大学社会学院博士研究生陈伟等。

陈伟、范新光、贺光烨、洪岩璧、李忠路、缪佳、王佳、武玲蔚、许多多、曾东林、周穆之，以及香港科技大学社会科学部硕士研究生陈佳莹，上海大学社会学院硕士研究生梁海祥还协助主编做了大量的审校工作。格致出版社编辑高璇不遗余力地推动本丛书的继续出版，并且在这个过程中表现出极大的耐心和高度的专业精神。对他们付出的劳动，我在此致以诚挚的谢意。当然，每本书因本身内容和译者的行文风格有所差异，校对未免挂一漏万，术语的标准译法方面还有很大的改进空间。我们欢迎广大读者提出建设性的批评和建议，以便再版时修订。

我们希望本丛书的持续出版，能为进一步提升国内社会科学定量教学和研究水平作出一点贡献。

吴晓刚

于香港九龙清水湾

目 录

序

《韦氏新大学词典》(*Webster's New Collegiate Dictionary*)把"数据"定义为"一组事实",因此社会科学数据(经验观察)是关于人类行为领域的事实。与流行的看法相反,事实并不会自己说话。数据分析的任务是试图赋予这些事实以意义。我之所以说"试图"赋予意义,是因为如果数据不好,它们就不能产生阐释,或者产生一个虚假的阐释。假设数据很好,那么分析就能为所研究的社会现象提供一个合理的描述和解释。

数据分析涉及对统计工具的系统运用。我们如何能够获得这些工具并恰当地使用它们?为了有效地学习分析技巧,我们需要从最简单的部分开始,将其作为构建更复杂技巧的基石。譬如,初学者经常犯的一个错误就是跳过基础知识,直接进入多元回归分析。为了学好多元回归,你必须首先扎实地掌握一元和二元统计知识。通过学习例如两个变量间的相关系数(皮尔逊相关系数),你就能熟悉相关、强度、线性、测量层次、推论和标准化等概念。这为理解二元回归提供了基础,虽然有别于上述概念,但并非完全不同。一旦熟悉掌握了二元回归，扩展到多元回归就比较容易，读者对后者也会有更深的理解。

本书旨在为定量研究数据分析的每一步提供统计学基础。在简述数据搜集之后，作者会讨论一元统计（测量集中趋势和离散），之后又讲解了对相关的测量（皮尔逊相关系数、tau 和 lambda 系数）和显著性检验，最后讨论了简单回归和多元回归。本书给出了必要的数学公式，但更注重平实的解释。同时，作者也利用图表来帮助阐释。本书非常注重实践的运用，并且以一个运用大学生样本数据来探讨影响学业能力因素的例子贯穿全书。

迈克尔·S.刘易斯-贝克

第1章

导 论

社会科学研究始自有关人类行为的问题。不同学科提出的问题不尽相同。我们可以举一些例子:为什么女性比男性更喜欢投票?什么使人对工作感到满意?较高的失业率是否会引发犯罪率的上升?为了提高学生成绩,是否应该把讲座式授课改成讨论式授课?如果某社区接受安置一套化学废弃物处理设备,那么这个社区的居民罹患癌症的风险是否会增加?这些问题来自政治学、心理学、社会学、教育学和健康政策领域。基于一定的方法论,任何定量社会科学家都可以回答这些问题。这一方法论统一了貌似各不相同的多个学科,即完全基于系统性的经验观察,然后运用统计检验。这些检验结果(数据分析)有助于回答这些研究问题。分析做得越好,得到的结论就越扎实。

虽然不同的定量研究者可能对同一个问题感兴趣,并运用相同的研究工具,但这并不意味着他们一定会使用相同的分析策略。有些研究者的研究路径非常形式化,先设计具体的假设和测量工具,然后审慎地运用所选择的检验。其他一些研究路径则没那么形式化,研究者对想法和数据进行自由探索,在寻找"正确"模型的过程中使用不同的测算。优秀的研究者知晓这两种策略的优缺点,知道何时运用形式化的程式，何时需要去探索发现。判断必须最终来自对统计结果的恰当解释，尤其是当这些结果来自非实验的社会研究时，而这正是本书所关注的。

毫无疑问，一位证明自己掌握了技术的研究者会在当今的学术界占上风。本书的目的是让初出茅庐的社会研究者具备一定的能力来为手头的问题选择恰当的统计检验工具。第2章论及初始的数据搜集，并提供了一个数据，本书将使用这个数据来说明各种分析技术。第3章介绍一元统计，即一次描述一个变量。第4章讨论相关测量，分析两个变量之间的关系。第5章探讨两个变量间关系的统计显著性问题。第6章关注简单回归，即一个因变量只受一个自变量影响。第7章阐述多元回归，即一个因变量受多个自变量影响。第8章进行总结，并给出一些分析建议。

第2章

数据搜集

作为分析的原材料，数据存在多种形式。就搜集数据而言，研究者可能进行了一项公共意见调查，或邮寄了问卷，或从一本统计年鉴中摘录了数据，或基于图书馆文献进行了观察，或记录了田野调查期间的印象，等等。无论搜集的方式如何，在分析之前，数据必须被数字化然后进行存储，一般都被存储在电脑中。研究问题指导整个数据处理过程，包括以下 5 个步骤：

(1) 抽样；
(2) 测量；
(3) 编码；
(4) 输入；
(5) 核对。

接下来，我们会以一个解释性的研究案例为背景，对上述每个步骤进行讨论。虽然数据搜集是整个分析的开端，但其重要性再怎么强调也不为过。有关数据处理过程的深入探讨，可参阅布尔克和克拉克的著作（Bourque & Clark,

1992)。俗话说,“如果进去的是垃圾,出来的也会是垃圾”(garbage in, garbage out),任何复杂的统计处理都无法弥补一个不好的数据所带来的缺陷。

第1节 | 研究问题

社会科学家希望去解释:什么导致一些事情发生?是这个因素还是那个因素?我如何知道?在提出研究问题时,受过良好训练的研究者几乎本能地从"因果"角度来进行思考。对于观察到的事件,他们考虑可能的解释,提出假设,有时则大胆提出理论。为了筛选相互竞争的解释,研究者对由相关变量的经验测量所组成的数据进行统计检验。简单来说,变量就是值不固定、可以变化的数。被解释的变量,即"效果",通常被称做因变量(dependent variable),一般用 Y 标记。一个可能的"原因"被称作一个自变量(independent variable),一般用 X 标记。假设在现实世界里,X 确实是 Y 的一个正向原因,那么,我们就能预见数据分析会支持以下假设:如果 X 的数值增加,那么 Y 的数值也会增加。当然,由于我们将会讨论到的各种原因,分析可能不会产生这一结论。由于存在误差或数据不足,统计检验可能出错或被错误地解释。为了深入了解这些问题,让我们来举一个实例。

这个例子来自一个很多人感兴趣的话题——学术能力。核心的研究问题是:为什么一些学生的成绩比另一些学生好?为了寻求答案,我们构建一个假设研究,而非实际研究。假设温特格林学院(Wintergreen College)的教务处要求我们调查影响一年级入学考试是否成功的决定因素，并且提供资金让我们对学生进行一项调查。不幸的是，正如在现实的社会研究中经常遇到的那样，预算并不允许我们对感兴趣的整个总体，即刚入学的所有班级，进行调查。因此，我们必须进行抽样。

第 2 节 | 样本

在已知的限制下，如果一个样本是一个科学的概率样本，那么它就能代表总体。我们这里使用的就是经典方法——简单随机抽样(Simple Random Sampling, SRS)。温特格林学院一年级学生总体人数是 500。但有限的时间和金钱只允许我们访谈 1/10 的学生，产生一个由 1/10 学生构成的样本。因此，根据教务处提供的按照字母顺序排列的一年级学生名单，我们以一个随机数字为起始数，然后每隔 10 个抽取一个名字。这一从名单中进行抽样的方法被称做系统选择过程(systematic selection procedure)。关于抽样的方法论，可参阅卡尔顿的著作(Kalton, 1983)。我们选取的随机起始数是 7，那么名单上的第七个名字就是被选中的第一个，第 17 个是被选中的第二个，如此按名单下去直到 50 名学生都被选出来，得到样本量 $N=50$。在任何抽样中，我们都希望有更多的观测数，但同时也不能忽视数据搜集的成本。总的来说，正如读者接下来将要看到的，这一样本已经足够大，使我们在讨论总体的变量分布和关系时能够有一定的信心。

第 3 节 | 测量

在检验任何假设之前，调查的变量必须被测量。在这一研究中，因变量学术能力是通过学生在一个 100 道题的入学考试中的成绩来测量的。在表 2.1 中，列 *AA* 是抽中的 50 名学生的分数。满分是 100，但这些学生中没人得满分。我们假设了影响学生测试成绩的几个可能因素，所以就有相应的几个自变量。我们的学生调查已经测量了很多自变量，该调查由 36 道题组成，对学生进行不到半小时的面访。例如，社会科学的一个核心假设是父母的教育影响学生的学业表现，因此学生调查中的一个问题是这样的：

> "你母亲一共接受了多少年的教育?"(学生回答年数)

第二题就父亲受教育年限问了同样的问题。父母教育这个自变量的测量是父亲和母亲受教育年限的均值，譬如母亲受过 13 年教育，父亲受过 11 年教育，那么父母教育的数值就是 12。在表 2.1 中，列 *PE* 列出了接受调查学生的父母教育变量的数值。

这个调查还问了一些其他可能成为自变量的问题。其中一个项目可以用来建构“学生动机”(student motivation)这个变量，参见表 2.1 的列 *SM*。这个变量以如下方式让学生评价他或她想大学顺利毕业的动机水平：

表 2.1 温特格林学院数据

受访者编号	*AA*	*PE*	*SM*	*AE*	*R*	*G*	*C*
1	93	19	1	2	0	0	1
2	46	12	0	0	0	0	0
3	57	15	1	1	0	0	0
4	94	18	2	2	1	1	1
5	82	13	2	1	1	1	1
6	59	12	0	0	2	0	0
7	61	12	1	2	0	0	0
8	29	9	0	0	1	1	0
9	36	13	1	1	0	0	0
10	91	16	2	2	1	1	0
11	55	10	0	0	1	0	0
12	58	11	0	1	0	0	0
13	67	14	1	1	0	1	1
14	77	14	1	2	2	1	0
15	71	12	0	0	2	1	0
16	83	16	2	2	1	0	1
17	96	15	2	2	2	0	1
18	87	12	1	1	0	0	1
19	62	11	0	0	0	0	0
20	52	9	0	1	2	1	0
21	46	10	1	0	0	1	0
22	91	20	2	2	1	0	0
23	85	17	2	1	1	1	1
24	48	11	1	1	2	0	0
25	81	17	1	1	1	1	1
26	74	16	2	1	2	1	0
27	68	12	2	1	1	1	1
28	63	12	1	0	0	0	1
29	72	14	0	2	0	0	0
30	99	19	1	1	1	0	0

续　表

受访者编号	*AA*	*PE*	*SM*	*AE*	*R*	*G*	*C*
31	64	13	1	1	0	0	0
32	77	13	1	0	1	1	1
33	88	16	2	2	0	1	0
34	54	9	0	1	1	0	0
35	86	17	1	2	1	0	1
36	73	15	1	1	0	1	0
37	79	15	2	1	0	0	1
38	85	14	2	1	2	1	1
39	96	16	0	1	1	0	1
40	59	12	1	0	0	1	0
41	84	14	1	0	1	0	1
42	71	15	2	1	1	0	0
43	89	15	0	1	0	1	1
44	38	12	1	0	1	1	0
45	62	11	1	1	2	0	1
46	93	16	1	0	1	0	1
47	71	13	2	1	1	0	0
48	55	11	0	1	0	0	0
49	74	11	0	1	0	1	0
50	88	18	1	1	0	1	0

注：*AA* ＝ 学术能力(答对题目的数量)；*PE* ＝ 父母教育(平均受教育年限)；*SM* ＝ 学生动机（0 ＝ 不愿意，1 ＝ 无法确定，2 ＝ 愿意)；*AE* ＝ 导师评价（0 ＝ 不能毕业，1 ＝ 无法确定，2 ＝ 能毕业)；*R* ＝ 宗教信仰(0 ＝ 天主教，1 ＝ 新教，2 ＝ 犹太教)；*G* ＝ 性别（0 ＝ 男性，1 ＝ 女性)；*C* ＝ 社区类型（0 ＝ 城市，1 ＝ 农村)。

“一些学生用很多空余时间来学习，甚至是周末。其他人则认为空余时间是属于他们自己的。你怎么认为？你愿意用额外时间来学习吗，还是不愿意，或者无法确定？”

除了父母教育和学生动机之外，这个调查还测量了其他变量，包括性别（男和女）、宗教（天主教、新教或犹太教）以及社区类型（城市或农村）。表 2.1 中的列 G、列 R 和列 C 给出了相关的分数。除了这些直接调查数据，我们还从学生的入学申请中获得了一些信息。这些申请材料很多对我们的研究都很有用，譬如学术导师对该学生大学顺利毕业可能性的评论。对这些评论内容进行分析之后，我们形成一个新变量“导师评价”，包含如下三个类别：很可能毕业、有可能毕业也有可能无法毕业、很可能毕不了业。这一变量的值可参见表 2.1 中的列 AE。虽然表中的变量未能包含我们调查中测量（或可测量）的所有变量，但它们构成了我们接下来分析所用到的大部分数据。

第4节 | 数据编码、输入和检查

不同变量的值应当被有效地储存，以备电脑分析。对于某些变量来说，所记录的值的含义显而易见，因为它由直接搜集的数值构成。举个例子，学术能力（AA）这个变量的值显然是入学考试时0—100的分值。父母教育（PE）变量也类似，上学年限也是输入的数字。但对于其他变量，其编码值（value code，用来指代变量值的符号）的含义并不那么明显。

我们来看“学生动机”变量，其值包括“愿意”“不愿意”和“无法确定”。在表2.1的列SM中，数字2指代那些回答“愿意”的学生，数字1指代那些回答“无法确定”的学生，数字0指代那些回答“不愿意”的学生。这些数字只是编码，它们指代学生回答的类别。显然，我们可以用其他数字来指代某个特定的回答，而不会改变该回答的内在含义。譬如，如果我们用“3”来替代“学生动机”变量中的编码“2”，并不表示更高的动机水平，而仅仅是用另一个数字来识别那些回答“愿意”的学生。对于数据中的其他变量（性别、宗教、社区类型和导师评价），我们同样看到变量值都是数字编码，但仅仅把这些数字看做位置标记符（placeholder）。

社会科学研究中对每个个案的观测，包括变量标签和编码，一般来说都是输入到电脑中并储存在一个数据文件中。表 2.1 确实看起来很像是一个典型的来自个人电脑的数据文件。我们应当经常仔细核查可能存在的编码错误，即是否变量值的输入有误？令人欣喜的是，对表 2.1 中数字的核查表明不存在失控编码（wild code），即不存在超出变量可能取值范围的变量值（如没有人的"学术能力"分数是"103"，或"学生动机"值是"8"）。但更为细微的错误，如回答类别的记录错误则可能发生。例如，一个学生可能在"学生动机"变量上回答"愿意"（编码 =2），但却被错误地记录为"不愿意"（编码 =0）。为了避免此类错误，研究团队的每位成员都应核查编码过程，从而获得较高的交互编码信度（intercoder reliability）。我们确信，数据中即使存在编码错误，数量也极少。最后，虽然一些受访者在某些调查项目上存在缺失数据，但在表 2.1 所含变量上并不存在缺失数据。或许颇令人惊讶，但宗教变量 R 上没有缺失数据，样本中的每位学生都选择了三个选项中的一项。这表明我们对问卷的先期规划较好，对回答类别的设定也比较合适，从而有效减少了拒答情况。如果不是这种情况，那么我们就将面临明显的缺失数据问题，而接下来几章中所运用的分析技术也会无用武之地。

一元统计

细致的数据分析者首先考察每个变量的关键特征。有时候，有关个别变量的一些发现能产生重要的思想火花。不管怎么样，这一过程能让我们很好地感受数据。任何变量的两个特征需要特别关注：集中趋势（central tendency）和离散（dispersion）。前者关注变量的“典型”分值，后者关注分值的散布情况。集中趋势测度把不同的观测统一起来，提供一个概要的含义。离散测度则告诉我们这些观测相互之间的差别有多大。接下来，我们首先讨论集中趋势，然后讨论离散。

第1节｜集中趋势

集中趋势的主要测度是均值、中位数和众数。均值（算术平均值）是值的平均数，中位数是中间的值，众数是出现最多的值。以我们调查中的“学术能力”变量（表2.1列AA）为例，其均值是71.4＝列AA数字的总和再除以50（我们已经对此结果进行了取整，计算机报告的计算结果是71.38，以此避免给大家一个有关精确的错误认识）。根据这一测度，“典型”的学生在100分中得70分多一点。这个成绩有多好？为了回答这个问题，就他们的前景而言，假设那些得分在90—100之间的学生被标记为“优秀”，80—89为“良好”，70—79为“好”。某人或许得出结论认为进入温特格林学院的一般学生在入学考试上表现相当不错，至少进入了“好”的范畴。对于那些即将入学的学生和他们的父母来说，这无疑是很有价值的信息。

在这个例子中，另一个测度肯定了均值所代表的典型学生印象。将所有分数排序，处于50%位置的中位数是72.5（当样本数是偶数时，如本例中的中位数实际上代表了两个“中间”个案编号25和26的平均数）。众数是71，它的解释与上述两者类似。如果我们被迫选择这三个测度中的一个来归纳这个变量的集中趋势，我们很可能会选均值。其中一个原因是均值由比众数更多的个案计算得到，众数实际上仅来自三个个案（编号 15，42 和 47）的值。另一个原因是，正如下文将讨论到的，均值通常允许更为强大的统计推断。

如果测量更精确，这些集中趋势指标就更具有说服力。如年龄或收入等定量变量的精确度较高。例如，入学考试这一变量就是在定量层次上进行测量的。这些分数是有意义的计数，即每个计数单位之间的差别是等同的。因此，某个得分为 45 的人答对的题目数量就比得分为 46 的人少一题，而比得分为 44 的人多一题。90 分则是 45 分的两倍。定量变量极具价值的一个特征是，其均值、中位数和众数都是有效的。

对于定性变量而言，这些集中趋势指标所能提供的信息很少，因为这些变量测量的精确度较低。定性变量包括两个基本层次，即定序（ordinal）和名义（nominal）层次。定序测量根据某些特性的“多少”对个案进行排序，而不确切说明到底“多多少”或“少多少”。心理态度通常以定序方式进行测量。例如，在我们的调查中，“学生动机”（参见表 2.1 列 *SM*）就是在定序等级上测量的，从“愿意”（编码 ＝2），到“无法确定”（编码 ＝1），再到“不愿意”（编码 ＝0）。如果某学生说“愿意”，另一个学生说“无法确定”，我们就认为第一个学生（排序为“2”）比第二个学生（排序为“1”）的学习动机水平更高。但是我们不能说第一个学生的动机水平是第二个学生的两倍。换言之，我们并不接受序列分数简单相除的结果“2”/“1”＝2。

因为这些定序变量的分数是排序的“代码”，而非可解释的计数，所以平均值就彻底失去了解释力。例如，“学生动机”变量的均值为1.02。这一数值对于描述一年级学生的动机水平的参考价值并不大。它表明通常他们都落入(或很接近)“无法确定”这一类别。然而,大部分(27个案例)都不属于“无法确定”这一类别,而属于“愿意”或“不愿意”类别。在这里,就某种程度而言,集中趋势其他测度的精确度更高。中位数等于1,而中位数即排序后处于中间位置的学生的对应数值。看一下该变量的频数分布(frequency distribution):13个“0”,23个“1”,14个“2”。因此,中间的个案属于第二个类别,即“1”。最后,众数的位置也没什么疑问,同样是“1”。

定性变量中的名义变量只是测量了某种特征的出现或不出现。此类特征不能进行排序,或刻度化。常见的例子包括地区、性别或宗教。我们的研究记录了每个学生的宗教信仰(参见表2.1列R)。该变量有三个类别:天主教(编码=“0”)、新教(编码=“1”)和犹太教(编码=“2”)。分数完全没有意义,只是指代了学生的宗教信仰。“1”表明该学生是天主教徒,而非天主教徒或犹太人;但“1”并不意味着该学生比分数为“0”的学生多一些什么。换言之,分数并不表示对任何东西从“多”到“少”的排序。

因为名义变量的分数是很武断的,仅仅用于为变量命名,所以对其进行均值或中位数计算都是没有意义的。但众数却依然有用。在本例中,众数是“0”,因为有21名天主教徒,而新教徒为20人,犹太人为9人。因此,为了描述该样本中宗教信仰的集中趋势,我们可能指出典型的学生是天主教徒。同时,我们应当指出这并不意味着天主教徒占多数,这是众数经常出现的情况。

在结束讨论集中趋势之前,我们有必要考察名义变量的一个特殊类别——二分变量的一些有用的特点。二分变量有两个类别，在这里的取值是“1”和“0”，如表 2.1 中的性别(1＝女性，0＝男性)和社区类型(1＝农村，0＝城市)。对此类变量的平均数就能进行有意义的解释。“性别”变量的平均数是 0.44，即样本中女性的比例。类似地，社区类型的平均数是 0.40，即告诉我们样本中 40％的学生来自农村。因此二分变量在数学上可被看做定量变量。就如我们接下来将要看到的，这使得二分变量在二元和多元分析中扮演了更为灵活的角色。

第2节 | 离散

某变量分数的离散情况如何？就我们这一研究而言，就是在这个或那个变量上学生之间的差别如何？他们在态度、行为和特征上非常相似，还是相差很大？两个初步的测度有助于我们回答这些问题，即极差和集中度。对定量变量而言，极差测量了最高分和最低分之间的距离。如“学术能力”这一定量变量的极差是70(=99－29)并不出人意料，这一较大的极差表明学生之间的学术能力相差很大。对定性变量而言，极差最好理解为所记录下来的取值类别。举两个例子，定序变量“学生动机”记录了三种回答(“不愿意”“无法确定”“愿意”)，名义变量“宗教信仰”也记录了三种回答(“天主教”“新教”“犹太教”)。因此，通常来说，相比于定量变量，定性变量的极差很有限。

集中度关注某一分数出现的相对频数。如果某分数相对于其他分数出现的频率更高，那么该分布在这个分值上就更为集中。定量变量的集中度一般很小。以“学术能力”变量为例，没有一个分数出现三次以上(出现三次的分数是71)。相反，定性变量的集中度一般较高。对于定序变量，可考虑一种极端情况，即所有观测都在某个值上，那么就是完全集中，散布程度为零。另一种极端情况是所有的数值都在最高和最低两个类别之间平分，即不是“0”就是“2”，没有个案为“1”，从而分散程度就最大化了。举个例子，“学生动机”变量处于这两种极端情况之间，46%的回答者属于中间类别“1”，26%属于“0”这一边，其余28%属于另一边“2”。虽然“无法确定”是最受欢迎的选择，但还是有一半多的学生选择其他选项。

最后来看名义变量的情况。当所有值都在某个类别上时，就出现了散布程度为零的情况。但是，集中度不能被某个“空的中间类别”所定义，因为在定序情况下才有中间类别，而“宗教信仰”不是定序的，所以就没有“中间”类别。反之，对名义变量而言，当所有类别都有同样的观测数时，散布程度就最大。在我们的研究中，“宗教信仰”变量似乎和这种理论上的最大化散布较为接近，因为三个类别分别包括了41%、40%和18%的个案数。我们或许能推断，在宗教这个维度上，该样本存在一些多样性。

极差和集中度是较为初级的离散测度。至少对定量变量来说，还存在其他测度。接下来，我们讨论标准差及相关测度。对定序和名义变量来说，也存在其他测度，但这些测度很少被用到，而且限于篇幅也超出了本书的范围。韦斯伯格(Weisberg, 1992)提供了很多集中趋势和离散的测量指标，并考虑了测量的层次。在实际研究中，我们有时计算和解释定序数据的标准差，但从不对名义数据做此类计算。这一做法虽具有争议性，但将继续存在，因为它能告诉我们某定序变量大概的离散情况，即使比较粗糙。

变量值围绕一个中间固定值的散布情况如何？更准确地说，由于均值确定了变量的中心，那么变量的值围绕这个中心的散布情况如何？假设一个变量为参加成人教育班的年数，我们测量一个很小的样本：四名很久以前高中毕业的受访者，其值如下：2，5，7，10，得到这些数值的均值为六年。那么这些数值围绕这一均值的散布情况怎样？一个本能的想法就是简单计算每个变量值与均值之间的离差（$2-6=-4$，$5-6=-1$，$7-6=1$，$10-6=4$），然后再取平均值。但这一方式失败了，因为往往产生的平均离差值为零，正负数之间互相抵消了$[(-4)+(-1)+1+4=0]$。

至少存在两种方法来解决这一正负抵消问题，即在取平均数之前取绝对值或进行平方。首先，本例中的平均绝对离差(average absolute deviation)为 2.5。第二，平均平方离差(average squared deviation)，也被称为方差，等于 8.5$\{[(-4)^2+(-1)^2+4^2+1^2]/4=8.5\}$。平均绝对离差的优点是易于理解，表示与均值之间的典型距离，这里是 2.5 年。其缺点是，就我们最终想要进行的统计推断而言，平均绝对离差在数学上几乎没什么用。相形之下，平均平方离差或者说方差却具有这些所需的统计学特征，但其缺点是没有很直观的含义。譬如，在我们这个例子中，数字 8.5 不太好解释。

为了克服这两个测度的缺点，并保留其各自的一些优点，我们计算标准差，即方差的平方根。在本例中，方差等于 8.5，其平方根为 2.9。由于来自方差，所以标准差拥有我们需要的数学特征。同时，它也具有较为直观的含义。在本例中，标准差值仅比平均绝对离差大了一点($2.9>2.5$)。一般来说，某变量的平均绝对离差值是标准差值的 4/5 左右(Mohr，1990:11)。因此，我们可用类似的方式来解释标准差，即某观测值与均值的平均距离。

大多数情况下,我们是从某样本而非总体中计算一个变量的标准差。这样就需要对一般的公式进行微调,即从分母中减去一个个案数:

$$S_X = \frac{\sqrt{\sum (X_i - \overline{X})^2}}{N-1} \qquad [3.1]$$

其中,S_X 是从样本中估计的标准差,$\sum$ 表示加总,X_i 表示变量 X 的观测值,$\overline{X}$ 表示 X 变量观测值的均值,而 N 是样本量。

除以 $N-1$ 而非 N 这一更改对于获得无偏估计是必要的。从技术上来说,在计算样本均值时我们已经用掉了一个自由度。也就是说 N 个观测值的总和现在必须等于预测均值乘以 N。这就限制了一个观测的取值,只剩下 $N-1$ 个观测可以"自由"取值。虽然这在统计学理论上是一个重要的修正,但对解释标准差的影响微乎其微,尤其是当样本量增加时。

在我们对温特格林学院学生的研究中,样本量为 50。或许我们希望能增加样本量。但因为这是一个科学概率样本,所以即使基于这样一个样本规模,我们也能进行有效估计。"学术能力"变量值的标准差是 17.4,表明典型学生离均值 71.4 的距离还是比较远的。换言之,根据这个标准差,我们可以判断出学生们成绩的散布程度较大,这印证了前面极差值给我们的判断。

如果总体变量的分布被假设为正态分布,如图 3.1 所示,标准差就能对分数的散布情况作出更精确的估计。在正态分布情况下,在数学上可以证明有 68%的个案将落在距离均值正负 1 个标准差的范围内，95％的个案将落在距离均值正负两个标准差范围内。剩下的 5％个案位于两个标准差范围之外，或更准确的说是 1.96 个标准差之外。把这些规则运用到"学术能力"变量中，我们期望 68％的学生入学考试分数位于 54.0 和 88.8 之间（71.4＋或－17.4）。这再一次证明学生之间能力差别较大。

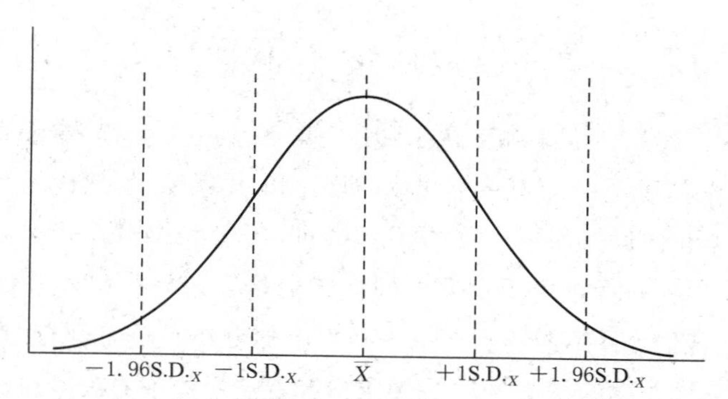

注：$S.D._X$ ＝ 总体变量 X 的标准差，$\overline{X}$ ＝ 总体变量 X 的均值。

图 3.1　正态曲线

当然，这一分数变异性评估的质量取决于正态假设的有效性。所研究的变量是否服从正态分布？在本研究中，学生总体中的入学考试分数是否呈正态分布？手头的样本提供了一些答案。有多种方法来评估正态性。用图来表示数据分布很有用，尤其是柱状图。图 3.2 是"学术能力"变量值分布的柱状图。横轴表示学术能力分数，从低到高被分成四个类别。竖轴表示属于特定类别的个案在样本中的比例。一般来说，如果分布是完全正态的，那么一条钟形曲线就会和柱状图完美契合，各个柱条会系统地位于曲线下方，曲线则经过各个柱条的顶端中点。

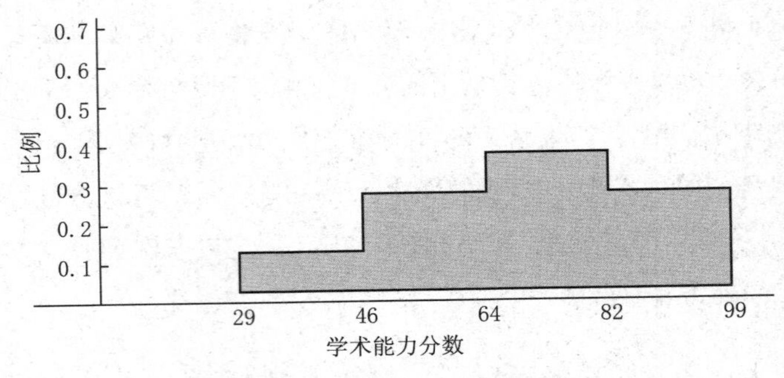

图 3.2 学术能力变量的柱状图

但图 3.2 并未和正态曲线完全契合,其中间隆起,变量值在左右分散,且仅有一个众数(即最高的柱条)。虽然该图有一点负向偏斜,即变量值在右尾(right-hand tail)分布较多一些,但偏斜程度并不严重。即使该变量在总体中呈正态分布,我们也并不期望它在一个样本中的分布完全符合正态。柱状图构建的特点在于,它要求研究者选择柱条的数量和切割值,这不免也带来误差。读者可以在某个标准统计软件中尝试运行不同的柱状图命令,看看若使用同一个数据,这些柱状图之间的形状差别有多大。

虽然用图来呈现实际数据很有价值,但这并不能准确揭示其背后的理论分布。该图告诉我们一些有关分布的重要线索,但更需要用一些统计检验来进行评估。因此,从更为定量的角度来看,数据的分布跟正态分布差多远?差很多还是很少?一个简单却很强大的检验是比较不同的集中趋势测度。如果某变量呈正态分布,那么其均值、中位数和众数都应该相同。在此例中,均值为 71.4,中位数为 72.5,众数为 71。这些数值基本上差不多,这表明不管怎样,该变量的数学分布接近正态分布。

偏态统计量(skewness statistic)的计算更加强了这一结论(即接近正态分布)。其公式本质上是对标准分(standard scores,参见下一章)进行立方,然后加总再求平均值(Lewis-Beck, 1980:29)。虽然该公式并没有很直观的解释,但其宝贵的数学特性就是当分布为完全正态分布时,该公式值为0。对入学考试分数的样本观测,偏态值=-0.42。如何来评估这一数值?它当然不等于0,因而不是完全正态分布。一般来说,某分布偏离正态越多,偏态统计量的值就越高,但其值没有一个理论上限(比如1.0)。缺乏上限并不是大问题,因为根据经验法则,发现只有偏态统计量的绝对值超过0.8,该分布才会"明显有偏"(Bourque & Clark, 1992:69)。本例中的绝对值0.42离这一阈值还很远,表明偏态并不严重。我们可以通过给变量值取对数这一习惯方法来改善正态性,但对本例中的样本采用这一做法反而验证了上文得出的该样本接近正态分布的结论。因为取对数使分布变得更不正态了,得到的偏态值为-1.02。下文我们将讨论自然对数和其他转化方法。

总而言之,偏态统计量、柱状图和均值—中位数—众数比较都表明我们的正态性假设并非不切实际,因此有助于我们搜集所研究总体中"学术能力"离散情况的有用信息。当然,正态性假设并不是自动发挥作用的,也不总是必需的。对其运用需要有很好的理由,我们必须将其放置到特定的研究问题背景中进行考察。

第3节 | 集中趋势、离散和异常值

异常值是那些似乎与其他值不相一致的值。设想下面年龄变量 Q 的一组值:6,9,12,14,18,23,88。最后一个数值 88 和第二大的值 23 差很多,与其他年龄观测所构成的群相分离。异常值会对我们的测度产生一系列的影响。在这个简单的例子中,均值为 24.3,显然是对变量 Q 的典型年龄的一个很差的归纳。由于这个异常值问题,一个更好的集中趋势指标是中位数,即 14。异常值也会影响离散测度。在这里,极差为 82=88−6,很明显具有误导性。一旦异常值被排除,离散情况就小了很多,23−6=17。更通常的情况是,异常值会使分布偏斜很严重,远离有用的理想正态曲线。

异常值使基于数据的统计推断变得很棘手。那我们有何应对之策呢?首先,我们需要确定某异常值确实是异常值。有时候所谓的异常值只是编码错误。以我们数据中的变量 Q 为例,我们有可能把"8"错误地编码为"88"。此类错误较容易发生,因此在继续数据分析之前一定要排除这类错误。假设可疑数值不是由于编码错误,那么接下来的问题是:这一数值是否真的和其他数值不一致?这里就需要引入一些判断。不管怎样,统计学指南都是有所裨益的。如果一个变量遵循正态曲线,那么就会有 5%的数值位于离均值 2

个标准差的范围之外。因此一些数值比较极端也不应使我们感到惊讶。我们应当问这样的数值有多少个,它们离均值多远,以及隐含的分布是什么?最终我们可能会发现,至少就概率而言,这些数值和其他数值在分布上是一致的。

假设经过这些考虑后,我们认为某数值确实是异常值。那么,我们有四种基本的处理方法:(1)删除;(2)数学变换;(3)原封不动;(4)分别报告保留和删除异常值的结果。我们来逐个讨论每种方法。第一种删除策略就是在后续分析中简单地删除异常值。我们不推荐单独使用该策略,因为它只是回避了问题。异常值代表信息,或许是有关总体的重要信息。如果它们被完全排除,那我们甚至都不知道我们讨论的总体是什么。永远不要扔掉好的数据。

变换策略比删除法好,因为它并没有忽略那些异常数据信息。就上述的变量 Q 来说,我们可以对其进行取平方根的变换,从而得到 2.4, 3, 3.5, 3.7, 4.2, 9.4。分数为 88 那个个案没有被删除,但其数值被变换成其平方根 9.4。相比于 88 在未经变换的数据中,9.4 在变换后的数据中就显得不那么异常了。这一变换把偏离的数值拉了回来,使之与其他数值更为一致。

另一个被广泛使用的变换方式是对数变换,它也能把偏离值拉回来。回忆一下,某数的对数是产生该数的某一底数的幂。例如,当底数是 10 时,100 的对数就是 2。此外,底数为 10 就得到常用对数,底数为 e 就得到自然对数。常用对数可以变换成自然对数,反之亦然。这些变换(也包括一般意义上的变量变换)的难点之一是,往往难以对得到的新数值进行有意义的诠释。譬如,原始变量 Q 测量的是以年为单位的年龄，自有其意义。但变换后的变量 Q 是年龄的平方根，它没有很直观的含义。基于解释的原因，研究者有时候尽量避免变换。而且他们应当意识到，如果有必要，原始数值是可以恢复的。在本例中，我们对平方根进行平方，就又得到了原始的以年为单位的年龄。此外，有时候为了其他目的，我们也须对变量进行变换，在第 7 章中我们将讨论这一点。

第三种策略是简单地标记异常值，但不删除也不对其进行改变。其根据也很简单易懂。因为研究经过精心设计，有一个足够大的随机样本和很好的测量，所以确信异常值代表了总体中的真实取值。对集中趋势和离散统计量的影响都体现了事物的本质，应当如实报告出来，即使这使得从样本推论到一般情况的任务变得更加困难。

为了严格使用第三种策略，分析者必须充满信心。但有时候分析者还是不由自主地为异常值感到担心。此时，第四种策略就显得很有用。该策略要求分别计算保留和删除异常值（经过或未经变换）情况下的统计结果，然后比较这两个结果。有可能即使出现异常值，但它并不对研究者想得到的结论产生什么重要的影响。譬如，即使观测到了异常值，均值很可能还是和中位数一样大。在一个足够大的样本中，这很容易发生。或者举另一个例子，标准差可能显示该变量的数值散布得很开，不管研究者是否考虑异常值，这都是一个重要且有意思的结论。所以我的建议是，有时候我们需要报告包括和不包括异常值情况下的两个结果。这样，我们就给读者提供了完全的信息。结论可能是，我们很高兴地发现这不是异常值问题，相关解释对于这两个结果都适用。或者解释存在差异，这就提示我们需要搜集更多的数据并进行统计诊断。

第4章

相关测量

很多社会科学研究的核心问题是一个变量与另一个变量的相关情况如何。社会阶层和政治参与有什么关系？如果阶级和政治之间存在关系，那么这一关系是否很强？虽然这些是来自政治社会某个特定领域的问题，但它却具有普遍性。变量 X 和变量 Y 的相关如何？这种相关关系是否很强？为了便于回答这些问题，下面我们提供针对二元相关的不同测度。

第1节 | 相关

当两个变量相关时，一个变量的变化往往伴随着另一个变量的变化。假如 X 的值变大，我们观测到 Y 的值往往也会变大。那么我们就认为 X 和 Y 之间存在正相关。如图4.1中温特格林学院调查样本数据的散点图所示，变量“父母教育”和“学术能力”之间貌似就存在这样的正相关关系。

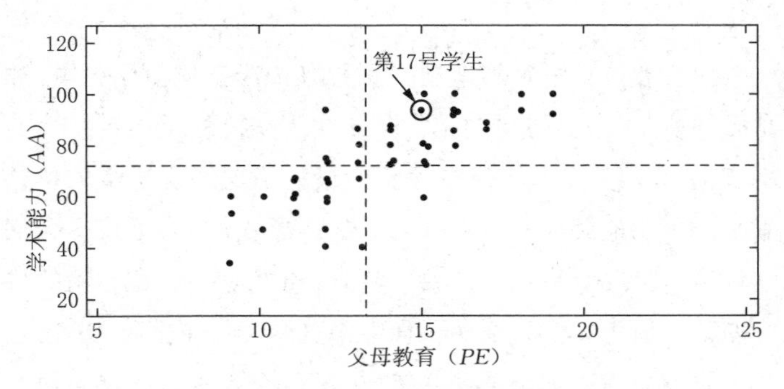

图 4.1 “学术能力”和“父母教育”的散点图

学术能力分值在 Y 轴上，父母教育分值在 X 轴上。每一个点对应我们调查中的每一个学生。想象一下，每个点都是由经过该学生在两条轴上的特定取值，并与该轴垂直的两条直线相交得到的。譬如，第17号学生的“父母教育”分值是15，“学术能力”分值是96，因此就在图上确定了一个位置。这些散布的点显示了正相关关系,因为它表明在“父母教育”上分值较高的学生,其“学术能力”分值通常也较高。

按照高于还是低于均值($\overline{Y}=71.4$, $\overline{X}=13.8$),我们可以把这个散点图分成四个象限,以便进行更为准确的图像评估。如果相关关系是正的,那么我们就期望大多数在 X 上取值大于均值的学生在 Y 上的取值也会大于相应的均值。根据右上方象限的情况,我们的期望得到了证实。其他象限的情况也支持这一正相关评估。

从图像上我们看到 X 和 Y 一起变化,或者叫共变(covary),它可以通过一个单独的描述统计量来证实或证伪,即协方差。变量 X 和 Y 的样本协方差 S_{XY} 的计算公式如下:

$$S_{XY}=\text{协方差}_{XY}=\frac{\sum(X_i-\overline{X})(Y_i-\overline{Y})}{N-1} \qquad [4.1]$$

协方差统计量系统地利用了所有相对于均值的偏差,如象限图所示。先对这些偏差的乘积进行加总,然后再平均。事实上,分母为 $N-1$ 使得该统计量的值比特定样本的偏差乘积的平均值要大一点。这再一次提醒我们,为了获得无偏估计值,要考虑自由度。“父母教育”和“学术能力”之间的协方差估计值为 37.82,证实了样本中这两个变量呈正相关。

协方差在确定某相关关系为正负还是零这一方面很有用,但它并没有告诉我们任何关于关系强度的信息。例如,上面的估计值 37.82 是否表明较强的相关关系?我们如何来回答这一问题?协方差统计量仅仅产生了一个未经加工的数字,而且这一数字没有理论上限。仅仅因为变量的测量单位发生变化,这一统计量的值就可能变大很多。譬如,如果“父母教育”是以学期(即一年等于两个学期)来测量,那么协方差估计值就变成了 75.64。显然，“父母教育”和“学术能力”之间的关系并未发生变化，但该统计量却增加了一倍。较大的数值仅仅是因为测量单位从“年”变成了“学期”。因此，我们需要一个不受测量单位影响的相关关系统计量，而且还要具有较为直观的理论上限。相关系数(correlation coefficient)正是这样一个统计量。

我们可以把相关系数当成把变量转化为标准差单位后计算得到的协方差。把变量值转化成标准分的计算方法是，用相对均值的离差(参见公式 4.1 的分子部分)除以标准差。以上一章的一个简单数据集为例，其中一个总体变量“参加成人教育班的年数”的原始值是 2，5，7 和 10。这些数值的均值是 6，因此，相对均值的离差分别是－4，－1，1 和 4。回忆一下，标准差是 2.9，接下来我们就可以把这些原始值转化成标准分了：(－4/2.9)＝－1.38；(－1/2.9)＝－0.34；(1/2.9)＝0.34；(4/2.9)＝1.38。变量的变化现在通过与均值的距离来测量，并以标准差单位的形式表示。我们看到，一个原始值为“10 年”的人超过均值“6 年”1 个标准差还多(精确地说是 1.38 个标准差)。一旦变量值以标准差单位进行校正后(就像在下面公式中的分子部分一样)，那么协方差的大小就不会受到原始测量单位的影响。

下面这个公式表示样本相关系数，以字母“r”表示，它就是以变量标准分计算的样本协方差。

$$r_{XY}=\frac{\sum\left(\frac{X_i-\overline{X}}{S_X}\right)\left(\frac{Y_i-\overline{Y}}{S_Y}\right)}{N-1} \qquad [4.2]$$

其中，r_{XY}是样本相关系数，S_X 和 S_Y 是样本的标准差，X 和 Y

是样本变量，N 是样本量。

相关系数的理论上限是＋1（或－1），表示完全线性相关。如果 $r=0$，那么就表明 X 和 Y 线性不相关。在我们的研究中，“父母教育”和“学术能力”之间的样本相关系数是0.79，表明存在较强的相关。

需要注意的一点是，相关系数仅测量了某关系中的线性相关程度。如果我们再来看图 4.1，我们很容易想象一条通过散点图的直线，让大多数的点都尽量靠近它。我们例子中的相关系数就很好地抓住了 X 和 Y 之间的相关关系。但情况并不总是如此（我们将在第 7 章讨论非线性关系）。如果变量间的关系是非线性的，那么相关系数的估测程度就很差，我们不应当使用它。很显然，为了便于评估线性相关，我们应该经常参考散点图。

“相关”是一个缩写，在没有特别说明的情况下，它就是指我们上面讨论的系数，通常被称做“皮尔逊相关系数”（Pearson's r），该系数以 19 世纪末引领这一领域发展的一位生物学家的名字命名。与其他相关测量相比，该系数受到更为广泛的使用。它依然是最为理想的针对定量变量的二元关系测度。而且，在测量定序变量关系时，人们也经常使用该相关系数。但严格来说，用皮尔逊相关系数来测度定序变量之间的关系违反了可靠统计推断所要求的假设。因此，当数据不是定量数据时，我们需要考虑其他相关测度。接下来，我们先讨论定序变量之间的关系，并提供 tau 系数作为一个有用的测度。然后我们再讨论名义数据，同样提供 lambda 系数作为测度。

第2节 | 定序数据:tau 相关测量

假设两个变量都属于定序变量,我们该如何评估它们之间的关系?新手的第一反应可能是从散点图开始。不幸的是,定序数据的散点图几乎看不出两个变量之间的关系,更别提关系强度了。如果读者对此有所怀疑,可以自己动手证实一下。困难在于测量的水平,因为 X 和 Y 的取值都很有限,所以不可能有很多点散布在网格之间。相反,典型的情况是你会观察到在几个地方有几簇聚集在一起的点,令人无法解释。

对于定序数据分析,列联表取代了散点图,成为评估变量关系的初步工具。表 4.1a 是“学生动机”和“导师评估”的一个交叉表。这是一个 3×3 的表,除了两个单元格以外,其他每个单元格中至少都有五个个案(只有一个学生属于[0, 2]组合,即“不愿意牺牲课外时间”但却被导师认为能够顺利毕业;没有学生属于[2, 0]组合,即“愿意牺牲课外时间”但却被导师认为不能毕业)。表中的列是列变量,习惯上把这认为是自变量(X)。行是横变量,习惯上认为是因变量(Y)。我们的理论认为,动机水平越高的学生(X)应该被导师给予更为积极的评价(Y),因此形成如下假设:随着 X 增加,Y 也会增加。

表 4.1a　学生动机和导师评价之间的观测关系(总数 $N=50$)

导师评价	学生动机		
	不愿意牺牲课外时间	无法确定	愿意牺牲课外时间
不能毕业	46% (6)	30% (7)	0% (0)
无法确定	46% (6)	47% (11)	57% (8)
能毕业	8% (1)	22% (5)	43% (6)
总　计	100%	100%	100%

注:括号里的数字是每个单元格的原始频数。原始频数上方的百分比表示,在自变量某一取值中,属于某因变量某一取值的个案数在该自变量这一取值总频数中所占的比例。例如,在“学生动机”变量上选择“愿意牺牲课外时间”类别的学生中,43%的人被导师认为能顺利毕业。每列的百分比总和为 100%。

检验该假设的第一步是对百分比差异(percentage differences)进行评估。由于已经建立了表 4.1a,且“列”是自变量,那么第一步检验就非常直观了。一个常见的错误是把自变量放在“行”上,然后按照它在“列”上的情形进行检验。每一列的频数百分比分布总和等于 100%。每个百分比表示,在特定的自变量取值类别中,选择不同因变量取值类别的比例。例如,在自变量“学生动机”的“不愿意”这一类别中(第一列,取值为 0),46%的学生被导师评价为很可能“无法毕业”(取值为 0);还有 46%得到的导师评价是“无法确定”,即“有可能毕业也可能无法毕业”(取值为 1);剩下的 8%得到的导师评价是很可能会“顺利毕业”(取值为 2)。

如果恰如我们假设所言,学生动机对导师评价有所影响,那么我们应该会看到在动机水平较高的学生中,获得较好的导师评价的比例也会较高。事实是如此吗? 为了回答这一问题,我们按从左往右的顺序来看第三行,即导师评价最高的类别。随着学生动机的增加(从0到1,即从"不愿意"到"无法确定"),获得导师最高评价类别中的比例从8增加到22(增加了14个百分点)。随着 X 再一次增加(从1到2,即从"无法确定"到"愿意"),获得最高评价的比例从22增加到43(增加了21个百分点)。这些学生自认为的动机水平越高,导师对他们的评价也越高。如果只看极端情况,在动机水平低的学生中,仅有8%得到导师的高评价,而在动机水平高的学生中,得到导师高评价的比例是43%。这就得到了一个合理的比例差别,为35个百分点(35=43-8)。

表 4.1b 学生动机和导师评价之间假想的完全定序相关(总数 $N=50$)

导师评价	学生动机		
	不愿意牺牲课外时间	无法确定	愿意牺牲课外时间
不能毕业	100% (13)		
无法确定		100% (23)	
能毕业			100% (14)
总 计	100%	100%	100%

注:表中概念定义同表4.1a。

总体而言,这些比例差异表明 X 和 Y 之间的关系并非微不足道。但也并非完全相关。如表4.1b所示,在假想的完全相关情形下,所有观测频数("100%")都集中在对角线的单元格上。在此情况下,X 取值上升一个类别,总是伴随着 Y 取值也上升一个类别。在"并非微不足道"和"并非完全"这两端之间,什么才是一个恰当的描述呢?百分比差异并不能给出一个概要性的答案。其一,两个特定单元格值之间的百分比差异忽略了其他单元格值以及它们之间的差异。随着表格变大,相关关系的推论性问题就变得越来越严重。对于任何大于 2×2 的表而言,一个概要性的相关测度是必不可少的。或许最有用的一个是我们下面所讨论的肯德尔 tau 系数。详细探讨可参见利贝特劳(Liebetrau, 1983:49—51)和吉本斯(Gibbons, 1993:11—15)的讨论。

每次我们只考虑调查中的一对受访者。假设受访者 i 和 j,每人在变量 X 和 Y 上都有取值。其中一个可能性是 $X_i > X_j$ 和 $Y_i > Y_j$,这就是一个同序对(concordant pair)。譬如,学生甲在"学生动机"和"导师评价"上的取值都高于另一名学生乙。我们就可以说,这一对学生是和我们的假设"同序"的。另一种可能性是 $X_i > X_j$ 但 $Y_i < Y_j$,这就是一个异序对(discordant pair)。假想一下学生丙在"学生动机"上的取值比另一个学生丁高,但在"导师评价"上却不如学生丁,即和我们的假设"异序"。第三种可能性是 $X_i = X_j$(或 $Y_i = Y_j$),这种对被称为平局对(tie)。譬如,两个学生的动机取值一样,因此他们既不同序,也不异序。一般而言,同序对、异序对和平局对可以通过 $(X_i - X_j)$ 和 $(Y_i - Y_j)$ 的乘积分别为正、负或零来定义。

在了解同序的概念之后,肯德尔 tau 测度系数的意义就变得直截了当了。tau-a 系数等于所有的同序对 C 减去所有的异序对 D,然后除以所有可能的配对数目[$N(N-1)/2$]。虽然 tau-a 系数简单迷人,但却没有考虑经常出现的平局对(同分对)。而且由于平局对的存在,tau 系数的理论上限不再是+1.0(或-1.0)。因此,我们转向纠正了平局对的 tau-b

系数，其计算公式如下（Liebetrau，1983:69）：

$$\text{tau-b}=\frac{(C-D)}{\sqrt{(C+D+T_X)(C+D+T_Y)}} \qquad [4.3]$$

其中，C 是同序对，D 是异序对，T_X 是 X 上的平局对，T_Y 是 Y 上的平局对。

如果某个表是正方形表，即行列的数目相等，那么 tau-b 就具有我们想要的理论上限＋1.0（或－1.0）。当表格行列数目不同时，为了保持理论上限，研究者可能倾向于报告经过修正的 tau-c 系数，其值和 tau-b 略有差别。对于如一个 3×3 表 4.1b 所示的完全相关而言，tau-b＝1.0。如果与假设相反，X 和 Y 相互独立，那么 tau-b＝0。对于实际数据表 4.1a，我们得到的 tau-b＝0.38。这表明，总体而言，“学生动机”和“导师评价”之间具有中等的正相关关系。

表 4.1c 学生动机和导师评价之间假想的非单调相关（总数 $N=50$）

导师评价	学生动机		
	不愿意牺牲课外时间	无法确定	愿意牺牲课外时间
不能毕业	100% (13)		
无法确定			100% (14)
能毕业		100% (23)	
总　计	100%	100%	100%

注：表中概念定义同表 4.1a。

回想一下，皮尔逊相关系数的恰当运用取决于如下假设：所估计的关系是线性的。对于定序变量而言，其间的关系往往缺乏精确的线性关系。但它们被要求单调变化。例如，正向单调关系是指，X 的增加往往伴随着 Y 的增加。但这并不是期望 X 的每一点增加都导致在 Y 上同等数量的增加。因此，单调条件比线性条件更为宽泛和宽松。显然，如表 4.1c 所示，两个定序变量之间的关系并不总是单调变化的。

在这个假想的例子中，我们看到更高的 X 取值并不总是带来更高的 Y 值。反之，当 X 从第二等级增加到第三等级时，Y 的取值等级却降低了。虽然 X 和 Y 之间的关系可以完全被预测，但却是非单调的。在这种情况下，定序关系测度，如 tau-b，对此种关系的测量程度就很差。一个可能的选择是把这些变量都当成名义变量来处理，然后用我们接下来所要讨论的名义变量关系测度进行测量。

第3节 名义数据:Goodman-Kruskal lambda 系数

在测量两个名义变量之间的关系时,一般来说使用像tau-b这样的定序关系测度是毫无道理的。因为名义变量缺乏定序变量某些东西“多或少”的特性,所以像“随着 X 增加,Y 也倾向于增加”这样的表述没有任何意义。但名义变量之间仍可能存在或强或弱的关系。如何来评估此种关系?就像定序数据那样,我们还是先看列联表中的频数。表4.2是大学生调查中两个名义变量的交叉表,变量分别是学生所属的“社区类型”(城市 =0,农村 =1)和学生的宗教信仰(天主教 =0,新教 =1,犹太教 =2)。

表4.2 社区类型和宗教信仰之间的观测关系(总数 $N = 50$)

宗教信仰	社区类型	
	城　市	农　村
天主教	50% (15)	30% (6)
新教	30% (9)	55% (11)
犹太教	20% (6)	15% (3)
总计	100%	100%

注:表中概念定义同表4.1a。

有如下这样一个假设：因为居住格局的原因，宗教信仰至少在某种程度上可以用社区类型来预测。因此，表中的列是自变量(X)社区类型，行是因变量宗教信仰(Y)。这两个变量相关吗？我们来看同一行的百分比差异。55%的农村学生是新教徒，相比之下，城市学生中只有25%是新教徒，两者的百分比差异是25个百分点。这表明存在联系。然而，其他的百分比差异并不那么显著，天主教徒的百分比差异是20个百分点，犹太人的百分比差异是5个百分点。总体而言，百分比差异并没有清晰地描述出社区类型和宗教信仰之间的关系。我们需要一个概要性的相关测度，如接下来我们所讨论的 Goodman-Kruskal lambda(λ)系数(Liebetrau，1983：16—24)。

lambda(λ)系数是一个预测性的相关测度，其计算和解释都非常直观。它表示在预测 Y 的时候，一旦我们知道了 X，能减少多少误差。我们还是来看表4.2中的数据。首先假设我们在仅知道 Y 的频数分布的情况下来预测每个学生的宗教信仰(21个天主教徒、20个新教徒、9个犹太人)。为了最小化误差，我们必须总是以最大频数所在的类别来预测，即有21名学生所信仰的天主教。这种预测方法利用信息的程度较低，导致了很大的误差，因为有29名学生不是天主教徒。

现在设想我们又拥有了 X 值的信息，这样我们就能获得 X 每一取值类别中 Y 的频数分布。为了最小化预测误差，我们遵循与前面相同的策略，总是挑选最大频数所在的类别。在 X 的城市类别中，依然选择天主教(15)；但在农村社区中，我们要选择新教(11)。新的预测误差是多少？对城市类别来说，误差是15(即9名新教徒加上6名犹太人)。对农村类别来说，误差是9(即6名天主教徒加上3名犹太人)。总体而言，知道 X 使我们的预测误差减少了5(即29－24)。预测误差减少的比例就被称做 lambda 系数。这里，lambda ＝5/29＝0.17。它的一般式如下：

$$\lambda = \frac{\text{知道 } X \text{ 的预测误差减少}}{\text{未知 } X \text{ 的预测误差}} \qquad [4.4]$$

lambda 的值在0和1.0之间变动。如果 lambda ＝1.0，就说明知道了 X 就能完全预测 Y。反之，如果 lambda ＝0，就说明知道了 X 毫无用处。在我们的例子中，lambda ＝0.17，这表明知道了学生所属的社区类型对我们的预测帮助不大，仅仅使我们预测准确的个案数增加了五个。一个保险的结论是：社区类型和宗教信仰之间最多只是有点关系。

第4节 | 二分变量:灵活选择

回忆一下,二分变量在数学上可以被当做定量和定性中的任何一个层次来处理。一般来说,我们希望把它当做最高层次变量来处理。从名义到定序再到定量,越往上,我们得到的精确度就越高。因此,当 X 和 Y 都是二分变量的时候,我们就可以正当地使用皮尔逊相关系数 r。如果其中一个变量 X 是二分变量,那么我们的选择就取决于 Y 的测量层次:(1)如果 Y 是有多分类的名义变量,我们倾向于 lambda 系数;(2)如果 Y 是定序变量,那么用 tau 系数较为合适;(3)如果 Y 是定量变量,那么我们就可以计算皮尔逊相关系数 r。我们的调查数据提供了第三种情况的一个例子。性别变量是二分的(女性=1,男性=0)。性别是否和定量的"学术能力"变量相关? 我们可以对这两个变量计算相关系数,得到的 $r=0.04$。

结果表明性别和能力之间的相关非常微小,接近于0。确实,在这个学生总体中,这种关系可能就不存在。显然,基于这些样本结果,我们很难推翻"这两个变量之间没有真正关系"这一观点。我们更容易相信,数字"0.04"是随机冒出来的。事实上,检验将会表明这一结果并不"显著"。但这意味着什么? 为了理解这一表述,我们需要了解显著性检验,下一章我们将探讨这一话题。

第5节 | 小结

社会科学研究者经常希望能测量两个变量之间的关系。计算机统计软件包已经极大地方便了这种测量，甚至已经过于方便了。譬如，当你只是“要求计算机”打印出一张列联表，并列出“所有统计量”时，所给出的结果是如洪水泛滥般的大量系数。我们提议，与其给出“所有统计量”，不如列出一些与你的假设和变量测度水平相关联的系数。一般来说，定量测度要使用皮尔逊相关系数 r，定序测度使用 tau 系数，名义测度使用 lambda 系数。

当然，这些选择并没有包含所有的二元相关测量，仅仅使用这些测度可能会导致忽略数据的一些微妙特征的风险，比如数据的非单调性，但百分比差异分析或许可以揭示这一特征。不管怎样，基于统计理论和研究实践，我们认为这些测度通常和其他测度一样好，或者更好。就定量测度而言，鲜有其他测度可与皮尔逊相关系数 r 匹敌。但在定序层次上，tau 系数却有一些竞争者(参见 Gibbons, 1993)。在实践中，一个主要的竞争者是 Goodman-Kruskal gamma 系数。关于 gamma 系数的争议之处在于它“夸大”了关系，其值比实际的关系要大。具体来说，gamma 系数的值几乎总是要比 tau 值大。以我们所报告的“学术动机”和“导师评价”之间的关系为例，tau-b＝0.38，但 gamma＝0.58。这一荒唐的夸大并非不典型，其原因在于 gamma 系数的计算忽视了“平局对”，其计算公式为：gamma＝(同序对－异序对)/(同序对＋异序对)(相关讨论参见 Gibbons，1993：69—70)。

就名义测度而言，从卡方统计量(相关讨论见下一章)发展而来的克拉默 V 系数有时候提供了 lambda 系数之外的另一个选择(Liebetrau，1983：14—16)。和 lambda 一样，它也有 0 到 1 的理论取值范围。在我们的研究中，社区类型和宗教信仰之间的克拉默 V 系数等于 0.25，比 lambda 系数的绝对值稍大。克拉默 V 系数的争议之处在于它缺乏 lambda 系数那样清晰明了的意义。它只是说 X 和 Y 之间是否存在关系，但却没说有关预测效度或减少误差的情况。

第5章

显著性检验

在研究中，我们总是根据一个样本来了解总体的情况。假设一个概率样本，最经典的就是简单随机样本，我们有信心对总体参数进行统计推断，总体参数是我们真正要研究的值。但我们的信心有多大？确切地说，根据我们的学生调查样本所计算出来的相关测度，包括皮尔逊相关系数 r、tau-b 系数和 lambda 系数，在多大程度上告诉了我们这些变量之间的真实关系？例如，“学生动机”和“导师评价”[①]之间的 tau-b 系数为 0.38，它是否表明了所有一年级学生中这两个变量之间的关系？因为这是一个样本，我们本能地预期这一估计不可能完全准确。但它偏离了(真实值)多少？真实值有没有可能更大一些，比如等于 0.59？或者更小些，等于 0.17？或者它有没有可能接近于 0.00，即这两个变量之间没什么关系？

任何时候当我们探讨某样本中变量 X 和 Y 之间的关系时，所面临的最主要问题是：它在统计上显著吗？如果答案是“显著”，那么就再次肯定了有关这两个变量的假设。如果答案是“不显著”，我们或许会怀疑它们之间没什么关系。虽

① 原文为“Academic Evaluation”，根据上下文改为“Advisor Evaluation”(导师评价)。——译者注

然理解显著性检验极其重要，但其解释却又令人难以捉摸。接下来，我们通过对均值这一最简单的总体参数的估计来探讨显著性检验的逻辑。这一背景有助于我们领会针对更复杂的二元相关测度的显著性检验的含义（有关显著性检验的详尽论述，请参见 Mohr，1990）。

第 1 节 | 显著性检验的逻辑:一个简单的例子

在举例前,我们先来看温特格林学院调查中测量的另一个变量:归还图书馆书籍。对于每一个学生,我们有他们借阅和归还图书的记录。规定的借阅时间是六周。我们的理论兴趣在于以过期归还图书为指标,来看违反图书馆规章的程度如何。提出这一问题也有政策上的考量,因为有的管理者感觉六周的借阅时间纵容了滥用。每一个被调查的学生都有一个当前的"归还图书馆书籍"分值,等于他们早(−)或晚(+)归还最近一本图书的天数。因此,如果一个学生的书过期三天,那么其取值为+3,而一个提前两天还书的学生的取值为−2。

一个假设认为一年级的学生更遵守规则,往往会按时还书,因此他们的"归还图书馆书籍"平均取值应该为 0。而备择假设则认为一年级学生通常不能按时还书,因此他们"归还图书馆书籍"的平均取值会大于 0(另一个相反的备择假设是,他们倾向于提前还书,因此他们的平均取值会小于 0)。这就形成了关于一年级学生总体中"归还图书馆书籍平均天数"(变量 X)μ_X 的两个假设:一个零假设和一个开放的备择假设,即均值为 0 或均值不为 0。我们可以用如下形式表示:

$$H_0: \mu_X = 0$$

$$H_1: \mu_X \neq 0$$

在我们的样本中，“归还图书馆书籍平均天数”的均值估计为 $\overline{X}=7$。该估计值不等于0，但它又没有大到使我们能直接排除总体均值为0这一可能性。因为我们只抽取了50名学生，一些人还可能认为相对于六周的借阅期而言，晚一周并不是什么大问题。为了正式拒绝（或不能拒绝）零假设，我们必须进行显著性检验，接下来我们探讨如何进行该检验。

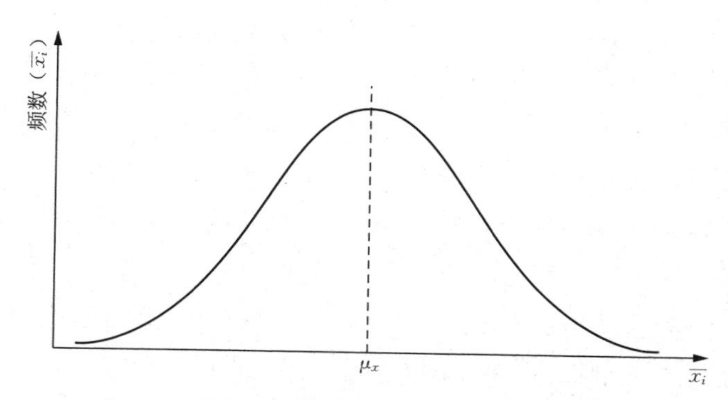

注：μ_X＝总体均值，$\overline{X}_i$＝样本均值，$\overline{X}_i$ 的均值＝μ_X。

图 5.1　均值 $\overline{X}_i$ 的抽样分布

为了更好地理解样本统计量（如这里的均值估计）如何告诉我们总体的信息，我们需要了解抽样分布的统计特征。在几乎所有的社会科学非实验研究中，我们实际上只是抽取了一个样本。但统计理论让我们去想象我们抽取了大量的样本（甚至是无限个样本），每次都对感兴趣的统计量进行估计。设想我们有学生的100个简单随机样本（所有的 $N=50$），这样就会得到100个关于“归还图书馆书籍平均天数”

变量的均值估计。我们并不期望每个估计都相同，有时估计值是 7，有时高一点或者低一点。这 100 个估计值就是变量 $\overline{X}_i$ 的取值，其中的下标 i 指代某个特定的样本。

变量 $\overline{X}_i$ 具有一些值得注意的特征。一个主要的特征是，其所有取值的平均值等于总体均值 μ_X。而且其所有取值的频数分布服从正态分布。如图 5.1 所示，横轴表示所有的均值估计值，纵轴表示所有估计值的频数。为什么会这样？因为中心极限定理。该定理从数学上证明了，在大样本条件下(多少才算大？一个通常的经验法则是 $N > 30$)，均值估计构成的抽样分布服从正态分布。即使在总体中，某变量并不服从正态分布，但其估计值所构成的抽样分布依然服从正态分布。例如，“归还图书馆书籍平均天数”本身并不需要服从正态分布。只要我们适当地运用这些理论成果，那么正态假定(normality assumption)就会在显著性检验中发挥巨大作用。

除了均值的抽样分布服从正态分布，当前我们还可以增加另一个假设：变量 X 的方差及其平方根(即标准差)是已知的。譬如，假设我们知道一年级学生总体中“归还图书馆书籍平均天数”的标准差是 3，那么均值估计变量 $\overline{X}_i$ 的标准差可通过如下公式得到：

$$\text{S.D.}(\overline{X}_i) = \frac{\text{总体 S.D.}(X)}{\sqrt{N}} \qquad [5.1]$$

在我们的数据中运用此公式，可以得到 $\text{S.D.}(\overline{X}_i) = 3/\sqrt{50} = 3/7.07 = 0.42$。

至此，我们已具备了进行显著性检验的所有要素，即我们有一个服从正态分布的变量 $\overline{X}_i$，其均值为 μ_X，标准差为

$S.D.(\overline{X}_i)$。如上一章所言，当某变量服从正态分布时，任一取值等于或超出距离均值+/−1.96个标准差范围的概率是5%或0.05。为简便起见，我们考虑$\overline{X}_i$为标准分的情况，即通常所说的Z分数：

$$Z=\frac{\overline{X}_i-\mu_X}{S.D.(\overline{X}_i)} \qquad [5.2]$$

现在我们可以说任何Z分数的绝对值大于或等于1.96的概率是0.05。换言之，某个样本均值偏离总体均值2个标准差以上的几率仅有1/20。这一标准能帮助我们回答如下问题：如果我们观察到某样本均值为7，那么总体均值为0的可能性有多大？

我们直接对相互竞争的假设进行Z检验。假定零假设是真实的，那么总体均值μ_X就等于0。这样我们就可以对上述的Z分数公式进行如下简化：

$$Z=\frac{\overline{X}_i-\mu_X}{S.D.(\overline{X}_i)} \qquad [5.3a]$$

$$=\frac{\overline{X}_i-0}{S.D.(\overline{X}_i)} \qquad [5.3b]$$

$$=\frac{\overline{X}_i}{S.D.(\overline{X}_i)} \qquad [5.3c]$$

如果这一均值估计的Z的绝对值大于或等于1.96，那么总体均值为0的概率就是0.05或更小。换言之，总体均值为0的几率是如此之低，因此我们拒绝其存在的可能性。也就是说，在0.05的显著性水平上，我们认为总体均值不等于0。

对“归还图书馆书籍平均天数”变量运用公式5.3c，可以

得到 $Z=7/0.42=16.66$。这一 Z 分数远大于临界值 1.96，表明在 0.05 水平上统计显著。因此，一年级学生总体的"归还图书馆书籍"变量均值为 0 是基本不可能的。所以我们拒绝零假设，接受备择假设，即一般来说，一年级学生都会过期归还图书。

上述统计显著性结论的唯一难点在于该检验要求假设变量 X"归还图书馆书籍平均天数"的总体标准差已知(公式 5.1 中的分子)。在本研究及其他几乎任何一项研究中，这一假设是不现实的。但我们手头确实有变量 X 的样本标准差 S_X，其值为 4。幸运的是，我们可以用这一估计值来替代公式 5.1 中的分子；其分母不变，但为了修正自由度，我们用 $N-1$ 替代 N。由于零假设是 $\mu_X=0$，因此该检验可以写成如下形式：

$$t=\frac{\bar{X}}{S_X/\sqrt{N-1}} \qquad [5.4]$$

代入我们例子中的数值进行计算，得到 $t=7/(4/\sqrt{49})=7/(4/7)=12.25$。

它被称为 t 统计量，因为它服从 t 分布，而非正态 Z 分布。幸运的是这两个分布非常类似，都是对称的钟形曲线。而且在大样本情况下，两个分布是相同的。然而，检验时需要考虑的一个问题是自由度，以选择正确的 t 分布。在本例中，t 统计量服从自由度为 $N-1$(即 49)的 t 分布。为了进行 0.05 水平上的显著性检验，我们需要查询 t 分布表(该表在任何统计书的后面都能找到)，找到自由度为 49 的 t 分布的临界值。查询得到该临界值为 2.01。请注意，该数字和先前提及的 Z 分布的临界值 1.96 非常接近。当样本规模超过 30

时，这些临界值几乎相等。如果我们的 t 统计量等于或超过了临界值，那么该估计值就在 0.05 或者更低的水平上显著。因为本例中 t 统计量大于临界值（$12.25 > 2.01$），因此我们依然拒绝“归还图书馆书籍”变量的平均天数为 0 的零假设。

第 2 节 | 运用同一逻辑:二元相关测度

上文详述了显著性检验的逻辑。基于某个随机样本,我们计算出一个统计量,并对该统计量的抽样分布作出一些可能的假设,据此对总体进行可靠的推断。我们已经清楚了均值这一基本统计量检验的起源及运用。当样本均值在 0.05 水平上显著,拒绝零假设,我们已经知道了这其中的缘由。二元统计量的显著性检验方法也是一样的,但其解释可能更为复杂,有关分布的假定也更难以实现。关于第二点,我们应当注意到正态假定的约束力。某个检验统计量可能服从其他分布,比如 t 分布或卡方分布,但在数学上,这些分布都可以回溯到正态分布(Mohr, 1990:21—22)。

这一背景知识有利于我们迅速理解前文讨论过的相关测度的显著性检验。首先来看皮尔逊相关系数 r,零假设是 X 和 Y 之间没有相关关系,竞争假设是存在相关。正式的表达式如下:

$$H_0: \rho = 0$$

$$H_1: \rho \neq 0$$

其中 ρ 是总体的相关系数。

一个经典的假定要求样本来自一个服从二元正态分布的总体。如果 ρ 等于 0,那么 r 就产生一个服从 t 分布、自由

度为 $N-2$ 的检验统计量。当该统计量值超出 t 分布表中的临界值时,我们就拒绝零假设。以上文使用过的"父母教育"和"学术能力"间的相关关系为例,$r=0.79$。这一系数相对应的 t 统计量等于 9.02,查询 t 分布表,自由度为 48、显著性水平为 0.05 的 t 分布的临界值为 2.01。显然,根据这一检验,该相关系数是显著的。而且,可以证明当 Y 服从正态分布而 X 不服从正态分布时,r 的检验统计量依然服从 t 分布(参见 Liebetrau, 1983:47—49)。这意味着我们不需要考虑 X("父母教育")是否服从正态分布。但我们样本中 X 变量的分布依然服从正态分布,因为均值为 13.8,中位数为 14,众数为 12,偏斜系数为 0.22。我们在第 3 章讨论过,Y 至少近似服从正态分布。因此,不需要其他的假设,我们就可以认为 X 和 Y 存在显著相关。基于这一样本相关系数,我们认为在学生总体中,"父母教育"和"学术能力"不相关的几率低于 1/20。

如何对定序相关测度 tau-b 系数进行显著性检验?不同于皮尔逊相关系数 r,tau-b 系数并不依赖于二元正态分布总体这一假定。更进一步来说,我们不需要知道变量的联合分布。因此,tau-b 有时候被称作"与分布无关"(distribution-free)的统计量。对于 $N>30$ 的大样本而言,其抽样分布接近正态分布(参见 Gibbons, 1993:2—24)。多数统计软件包都会给出 tau-b 的近似标准误,可用于计算显著性水平。例如,本书所使用的 SYSTAT 软件所报告的 tau-b 系数(0.38)的渐进标准误(Asymptotic Standard Error, ASE)为 0.10。因为 tau-b 系数估计值超过了 ASE 两倍多(0.38/0.10=3.8),所以我们稳妥地认为该系数在 0.05 的水平上显著。换言之,我们非常肯定在一年级学生总体中，“学生动机”和“导师评价”之间存在相关。

最后，我们来看名义相关测度的显著性检验。假设名义变量来自一个随机样本，而且其潜在的抽样分布属于多项分布。只要样本规模足够大，lambda 统计量就近似服从正态分布。一些统计软件包，如 SYSTAT，也会报告 lambda 的渐进标准误。这一渐进标准误可以用于显著性检验，只是当 lambda 在接近 0 或 1 时要有所警惕（Liebetrau, 1983:19—23）。回忆一下，在我们的例子中，“社区类型”与“宗教信仰”之间的 lambda 相关系数为 0.17。其渐进标准误为 0.13，这表明这一相关关系在 0.05 的水平上不显著。因为相关系数值显然不到标准误的两倍，0.17/0.13 = 1.31，因此我们不能拒绝零假设，零假设认为在学生总体中，这两个变量不存在相关。

一个广泛使用的检验两个名义变量之间是否存在统计上显著相关的方法是卡方检验。假设在总体中行变量和列变量不相关，更准确地说是相互独立，那么，对于这些变量的某个随机样本，我们就会对观测到的单元格频数产生一些期望。一般来说，观测到的单元格频数会反映背后的变量之间的独立性。以表示“社区类型”和“宗教信仰”之间关系的表 4.2 为例。如果“社区类型”独立于“宗教信仰”，那么社区类型（城市对于农村）的整体比例就会反映在每一个宗教类别中。这是一个“长时段”的期望，或者说是在重复测量的样本中，但如果我们的科学性样本的结果并不接近这一期望，我们还是会感到惊讶。因此，假设的独立性，即 60%—40%（城市—农村）这一区分应该或多或少地在每一个宗教中得到重复。譬如，一共有21名天主教徒，所以0.60×21=12.6，即其中大约有13人应该居住在城市。同理，新教徒中应该有12人属于城市居民(0.60×20=12)，犹太人中应该有5人属于城市居民(0.60×9=5.4)。我们实际观察到15名城市天主教徒，9名城市新教徒，6名城市犹太人。总体而言，观测频数与期望频数不相符：对于天主教徒，两者间差异是+2(如15－13)；新教徒是－3(如9－12)；犹太人是+1(如6－5)。

观测频数和期望频数之间的差别是否足够大，使我们能拒绝X和Y之间相互独立的假设？卡方检验就能帮助我们回答这一问题。如果用下面公式计算的卡方值超过了临界值，我们就拒绝独立性假设。

$$\chi^2 = \sum_{i=1}^{I} \sum_{k=1}^{K} \frac{(O_{ik} - E_{ik})^2}{E_{ik}} \qquad [5.5]$$

其中，行变量包含I个类别，列变量包含K个类别，(i, k)是位于特定的I和K类别上的一个单元格，O是单元格的观测频数，E是单元格的期望频数。

假设变量之间相互独立，那么这一χ^2统计量就服从自由度为$(I-1)(K-1)$的卡方分布。如果它的值超过了一定的临界值(可以参考任何统计书后面的卡方分布表)，我们就拒绝独立性假设。就我们的例子而言，$\chi^2=3.19$，这小于0.05显著性水平、自由度为2时的临界值5.99。因此我们不能拒绝独立性假设。根据lambda系数的显著性检验结果，我们无法得出“社区类型”和“宗教信仰”相关这一结论。

上文讨论了针对不同相关测度的显著性检验。虽然检验的方法因不同的测度水平而有所变化，但检验的逻辑始终如一。关系是否显著？如果答案为“是”，那么拒绝零假设，从而认为很可能存在相关关系。如果答案为“否”，那么就不能拒绝零假设，从而认为很可能不存在相关关系。当然，这些只是梗概，因为并不存在可以无条件遵循且一直有效的准则。显著性检验的运用和检验需要仔细的审视。接下来，我们讨论细致的研究者必须要处理的几个问题。

第3节｜几个重要问题

当学生刚接触相关测度的显著性检验时,他可能会对一些惯例做法感到困惑。本可以假定不同的值,为什么我们关注的是如何拒绝相关为零的零假设?原因之一是它提供了其他社会科学研究者可以理解和接受的一个标准。另一个原因是对于应该选择哪个值,我们很少能达成共识。研究者甲可能坚持是0.2,乙觉得应该是0.4,而丙则认为是0.6。总而言之,这通常是因为我们刚开始某项研究时,并不能确定这个值到底是多少,也不知道它是否和0不同。不断地成功拒绝零假设提供了重要的有关X和Y之间关系的积累性证据,而且在原则上这有助于我们设定和检验其他竞争性的非零假设。

另一个颇令人困惑的问题——至少表面上看起来是如此——是为什么通常都选择0.05的显著性水平。为什么不选择其他水平,比如说0.06?毕竟100次中6次出错和100次中5次出错(即0.05水平)没什么区别。对于这一问题至少有三个答案。首先,根据经典的观点,显著性水平是在检验之前就设定的。所以在检验之后再改用0.06就显得有点古怪,甚至像是欺诈。其二,设定的水平应该有利于与其他研究者的交流。把显著性水平设在0.06会显得很奇怪,因为其他的社会科学同行遵循这一做法。虽然说了这么多，但一个在0.06水平上显著的发现还是可能值得报告的。先于研究的理论和研究设计或许都显示X与Y相关。在这种情况下，0.06水平上的显著或许可以被看做支持相关这一结论的。当然，相对于0.05水平的这一偏离必须有一个合理的解释，支持该结论的研究者也必须时刻准备着面对任何可能的批评和怀疑。

对于"为什么选择0.05水平？"这一问题的第三个回答是，确实也偶尔存在一些其他的选择。很多时候，另一个选择是0.01水平。如果某系数在0.01水平上显著，就意味着在总体中X和Y不相关的几率只有1/100。因此，相比于0.05水平，我们就有更大的把握来拒绝零假设。更为正式地说，从0.05变到0.01水平减小了我们犯第I类错误(type I error)的风险，即拒绝原本是真实的零假设。在0.05水平下，100次中我们会犯五次这种错误；但在0.01水平下，100次中我们只会犯一次这种错误。但是，这一策略并非没有代价。具体来说，努力降低犯第I类错误的风险会使犯第II类错误(type II error)的风险增加，即未能拒绝原本为假的零假设。这是因为0.01水平提高了拒绝的门槛。我们希望同时降低这两种错误，但是做不到，因为这两类错误之间是此消彼长的取舍关系。降低其中一类错误必然增加另一类错误。因此，0.05水平得到如此广泛的应用属于情理之中，因为它拒绝零假设的标准已经足够高了，即错误的风险只有1/20。

因为传统的惯例是要求在0.05(或0.01)水平上报告显著性检验结果，新手可能会担心手头的计算量。毕竟，在原则上，针对不同变量层次相关测度的显著性检验需要运用不同的检验统计量并查询相应的统计分布表，如 t 分布表或卡方分布表。这很枯燥。但幸运的是，几乎所有的统计软件包都会自动报告每个测度的相关统计量和对应的概率水平（而非事先设定的水平）。虽然这节省了时间，但研究者必须保持谨慎，千万不要误读这些数字。初学者经常犯的一个错误是把它们读成“概率＝0.0000”，说明拒绝零假设不可能是错的。事实上，它应该写成“0.0001”，即表明拒绝零假设出错的几率只有 1/10 000。这是一个很低的概率，但并不等于 0，因为我们永远不可能完全肯定我们的假设。另一个初学者容易犯的错误是看到一个低于 0.05 水平的概率，比如“0.043”，却以为它在 0.05 水平上不显著。无疑它应该是显著的，因为 $0.043 < 0.05$。可喜的是，这些错误一旦被纠正一次，就不太可能犯第二次了。

但在分析所搜集数据中的二元关系时，我们希望能“找到显著性”，至少对于我们所“钟爱”的假设是如此。然而，即使研究设计非常科学，我们也可能找不到这样的显著性。为什么？第一反应显然是我们所钟爱的假设，比如说 X 和 Y 相关，是错误的。但是，假定这一假设是对的。如果在总体中 X 和 Y 是相关的，那么是什么因素影响我们得出统计显著性的结果？首先是前面提到的第 II 类错误，即由于几率问题，在这个特定的样本中，我们无法拒绝零假设。如上文所述，在 0.05 水平上，在 100 次中我们还是会犯五次这一类错误的。①其二，样本规模可能太小了，比如 $N < 20$，这就很难拒绝零假设。其三，系数的值可能很小，这也导致我们无法

① 由于是第Ⅱ类错误，所以这里的 0.05 应该是 beta，而不是 alpha 水平。——译者注

拒绝零假设。譬如，保持其他条件一样，皮尔逊相关系数 r 为 0.40 就比为 0.20 时更容易得到统计检验显著的结果。其四，X 或 Y（或两者）的方差受到限制，使得两者之间的关系很难被检验出来。如果得到了一个期望之外的非显著性结果，那么在下最后结论之前，我们很有必要对这些潜在的问题进行考察。如果对其中任何一方面存在疑虑，那么可能就需要进行另一项研究，比如一个样本更大、遵循不同设计的研究。很明显，呼吁进行一项新研究要比真正做一个研究容易得多。因此，这就要求我们一开始就要努力"正确地做"一个研究。

第 4 节 | 小结

在社会科学中，我们几乎都是毫无二致地通过研究样本来推断总体的情况。以统计推断为目的，在分析两个变量之间的关系时我们必须始终牢记两个根本问题：是否存在关系？这一关系强度有多大？为了回答第一个问题，我们进行显著性检验。如果答案为“否”，我们就倾向于认为它们之间不存在相关关系。如果答案为“是”，我们就倾向于认为它们之间存在相关关系。在第二种情况下，关于“强度”的问题才有意义，我们运用上一章所讨论的内容，通过评估相关测度的大小来回答这一问题。

简单回归

事实上,多数的相关测度都是无方向性的。这意味着,在计算时无须假设两个变量中谁影响谁。因此,就相关系数而言,$r_{XY}=r_{YX}$。同理,无论某变量放置在行还是列上,计算tau-b系数得到的数值都相同。换言之,该测度是对称的。(一个明显的例外是lambda系数,该系数要求一个变量X被指定为预测变量。确实存在非对称的lambda系数计算公式,但其解释非常模糊。)一般来说,相关测度显示两个变量的联结程度,范围在0—1之间。毫无疑问,重要的是建立或拒绝这类联结。但这仅仅是第一步。

以温特格林学院调查中"学术能力"和"父母教育"之间的相关为例,$r=0.79$。这一相关系数显示它们的相关关系较强。但它并未说明这一关系的结构如何。是父母教育影响学术能力,还是学术能力影响父母教育呢?我们假设"因果箭头"是从父母教育指向学术能力,但r系数并未包含这一假设。而且我们还想知道,当父母教育变化时,学术能力的确切变化是多少?对于该问题,r系数也是无能为力。通常,当检验X和Y之间的关系时,我们希望能直接估计X和Y之间的联系,虽然还谈不上因果关系。如果这是我们的目的,那么就应当用回归分析来替代相关分析(有关回归应用的介绍,参见Lewis-Beck, 1980)。

第1节 | Y 是关于 X 的方程

假设有两个变量 X 和 Y，其中 Y 为因变量，或者说是"结果"，即被解释的变量；X 为自变量，或者说是"原因"，即解释变量。这两个变量的联合分布可能服从不同的函数形式。其中一些函数形式非常复杂，在翻阅物理课本时经常会看到这类形式。其他一些则很简单，如表 6.1 中的 X 和 Y 的观测值。根据基础代数，很容易就能证明这一关系是完全线性的。

表 6.1 来自 X 和 Y 完全线性相关的一些观测值

X 观测值	Y 观测值	X 观测值	Y 观测值
0	4	3	22
1	10	4	28
2	16	5	34
$Y=4+6X$			

表达这一直线的一般公式是：

$$Y=a+bX \quad [6.1]$$

该直线由截距 a 和斜率 b 决定。对于表 6.1 中的数据而言，这一直线为 $Y=4+6X$。

对于表中任一 X 值，该公式都能毫无偏差地预测相应的

Y 值。利用这些观测值，我们能画出一条直线，从而以图形来说明截距和斜率的含义(参见图 6.1)。

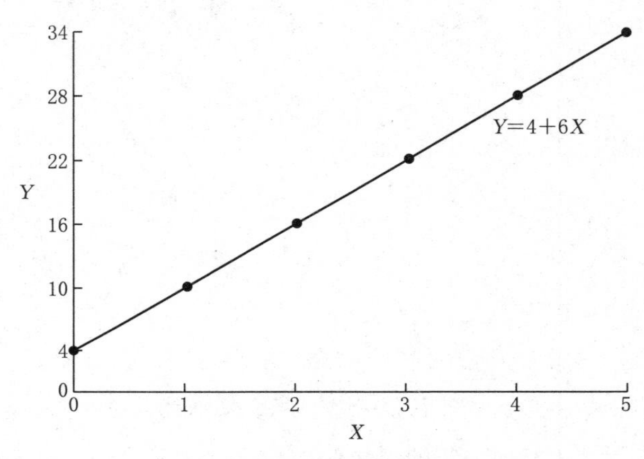

图 6.1　X 和 Y 之间存在完全线性关系

不幸的是，这个例子对于社会科学数据而言并不现实。虽然我们期望变量 X 和 Y 相关，但两者不太可能完全相关。由于真实世界的复杂性，我们需要接受预测存在误差。因此，更准确的公式应该是：

$$Y = a + bX + e$$

其中，e 是误差项。

为了便于说明，我们假设表 6.1 中的值来自某社区中父母这一总体，其中 X = 孩子数量，Y = 向学校秋季募捐者提供的年捐款数目(美元)。我们预期那些孩子更多的父母会捐更多的钱，但并不指望孩子的数量能完全预测捐赠数目。譬如，一些拥有大家庭的父母的捐赠数额会比期望的少，而另一些则比期望的多。毕竟孩子的数量并不是捐赠数额的唯一决定因素。在图 6.2 中,我们看到的散点图更为现实,其中 X 轴代表孩子数量,Y 轴代表向学校捐款数额。

从图上看,这一关系基本为线性。我们的视线随着这些点从左往右,按照一定斜率向上抬升。但一条精确的线是怎样的?它仍然是 $Y=4+6X$ 吗,就如我们自由画出的直线 1 那样?或者说另一条直线更为契合?我们画出了另外两条备选直线:$Y=2+7X$ (直线 2)和 $Y=5+5X$ (直线 3)。或许其中一条更符合数据。为了决定在所有可能的直线中,哪一条拟合得“最好”,我们需要运用最小二乘法法则。

第2节 最小二乘法法则

拟合最好的直线所产生的预测误差最小。但是如何来定义预测误差？对于一个个案来说，首先把预测误差当成观测值(Y_i)和直线的预测值($\hat{Y}_i$，我们用“帽子”符号 ∧ 来表示预测值)两者的差。以图 6.2 中的个案 D 为例，其 $X=4$。直线 1 产生的预测值 $\hat{Y}=28$，但 $Y=33$，因此对于这个个案来说，其预测误差为 $+5$。再看个案 E，其 $X=5$。直线 1 产生的预测值 $\hat{Y}=34$，但 $Y=31$，其个案预测误差为 -3。同理，我们可以计算每一个个案的预测误差。

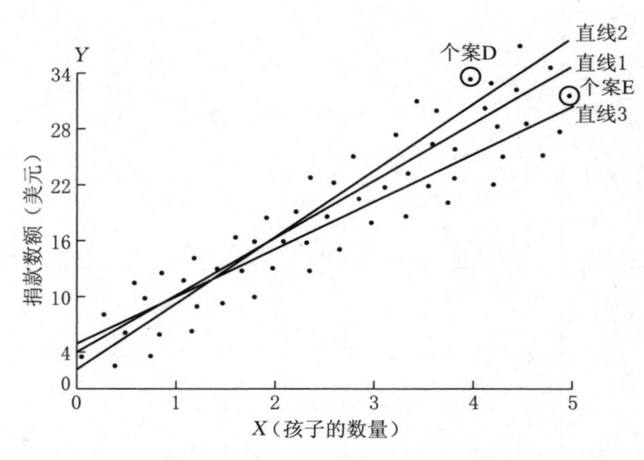

图 6.2　X(孩子的数量)和 Y(捐款数额)之间可能的线性关系

这条直线的总预测误差是什么？一个想当然的做法是对个案预测误差进行简单加总。但我们不能这么做，因为正误差和负误差会相互抵消。譬如，仅仅对个案D和个案E的误差进行加总，得到＋5－3＝＋2。这一数值是错误的，明显偏低。为了解决正负抵消问题，我们可以对所有个案的预测误差取绝对值，或者进行平方。我们一般偏向取平方，因为平方允许更进一步的数学推论。因此，我们把某直线的总预测误差定义为个案误差的平方和，其公式为：

$$\mathrm{SSE}=\sum(Y_i-\hat{Y}_i)^2$$

对直线1、直线2和直线3分别计算SSE，然后比较这三个值，选取较小的一个SSE值，我们就找出了拟合较好的一条直线。这样，直线2被选中，但它并不一定是所有可能直线中拟合最好的一条。这样的直线有无穷多，或许其他直线（比如直线4、直线5等）拟合得更好。幸好有一个办法可以解决这一困境。通过微积分可以证明，下述公式提供的a和b能使SSE达到最小。

$$b=\frac{\sum(X_i-\overline{X})(Y_i-\overline{Y})}{\sum(X_i-\overline{X})^2}$$

$$a=\overline{Y}-b\overline{X}$$

这些斜率和截距值就是我们所说的最小二乘估计值。它们确定了一条直线，其误差平方和达到尽可能的小，即“最小”。接下来，我们就运用最小二乘法来找出与温特格林学院调查中两个变量拟合得最好的一条直线。

第 3 节 | 截距和斜率

现在我们认为"学术能力"显然是关于"父母教育"的一个线性方程。我们的理论模型也考虑了误差项，其公式如下：

$$Y = a + bX + e \qquad [6.2]$$

其中，Y 是代表"学术能力"的考试分数，X 是父母教育，e 是误差项，a 是截距，b 是斜率。

我们希望能用上述公式来估计截距 a 和斜率 b。这一过程被称为一般最小二乘法（Ordinary Least Squares, OLS）回归。因为有两个变量，所以这也被称为双变量（bivariate），或简单回归。回顾一下图 4.1，变量 Y 和变量 X 共同确定一个点的位置。图形显示两个变量之间的关系是线性的。这一特定的直线是通过 OLS 得到的。用 Y 对 X 进行回归，就得到：

$$\hat{Y} = 1.66 + 5.04X \qquad [6.3]$$

其中，$\hat{Y}$ 是 Y 的预测值，1.66 是截距的最小二乘估计值，5.04 是斜率的最小二乘估计值。该直线对散点的拟合情况如图 6.3 所示。显然，该直线抓住了这些点的分布情况，虽然并不完美，但却是拟合得最好的直线。

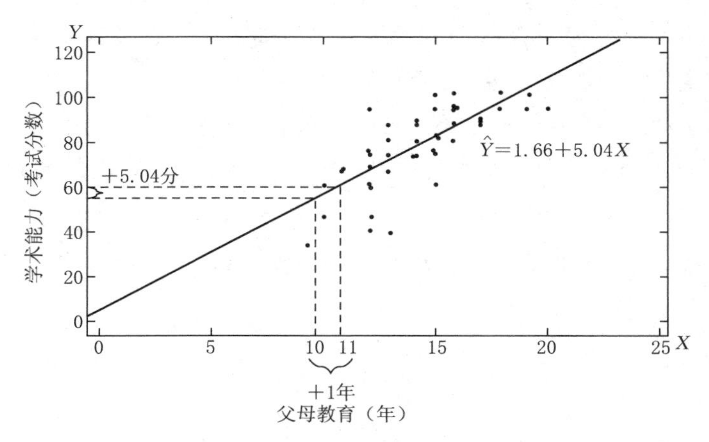

图 6.3 学术能力(Y)对父母教育(X)的 OLS 回归直线

我们如何来解释这些系数？首先，截距是一个常量，其值等于回归直线与 Y 轴的交点。在数学上，它是 $X=0$ 时 Y 的期望值。从实质上而言，它表示在父母没受过正式教育的情况下，我们预测学生在入学考试中几乎答不对任何一道题[即在 100 道题中只能答对 1.66 道题，$\hat{Y}=1.66+5.04(0)=1.66$]。虽然截距在数学上具有不可或缺的作用，但对特定分析而言，它可能并没有什么实质意义。在本例中，截距并不是完全没有意义(但它有可能是没有任何意义的，如果本例中截距的值是负的，那就没有任何意义)。毕竟，如果父母双方都没上过学，学生在大学里成绩很差的可能性还是比较高的。但是这一解释仍然具有风险，因为它并不符合实际经验。在现实中，本调查中没有一个学生的父母教育水平低于九年。一般来说，我们要避免对超出 X 变量取值范围的数值进行预测。

斜率表示 X 变化一个单位引起的 Y 的期望变化值。在本例中，它表示父母的教育程度每增加一年，学生的成绩就会平均增加 5.04 分，如图 6.3 所示。因此，斜率测量了自变量的效应。从实质上来看，父母教育的效应似乎相当重要。例如，当学生的父母教育程度很高，比如 $X=20$，我们会预期这些学生的成绩要比那些父母教育程度 $X=10$ 的学生高很多。更准确地说，前者要比后者的分数高 50 分左右 [$(20-10)\times 5.04=50.4$]。

第4节 预测和拟合优度

一个简单的回归方程可用来预测给定 X 值的 Y 值。假定我们知道，调查中的一个学生的父母平均受教育水平是13年，我们希望预测该学生的考试成绩。这很容易，只要把数字代到方程式中就能得到预测值：

$$\hat{Y} = 1.66 + 5.04X = 1.66 + 5.04(13) = 1.66 + 65.52 = 67.18 \quad [6.4]$$

因此，对于父母平均受过13年教育的学生而言，我们预测其能答对100题中的67道题。当然，我们可以用这个方程来预测每个学生的成绩。如图6.3所示，其中一些预测值非常准确（即恰好在直线上），而另一些则存在误差（离直线有一定距离）。因此，概括性地测量该预测方程的表现如何就变得非常有用。这些测度中的一个主要指标是 R^2，也被称做决定系数，接下来我们对此进行讨论。

首先，假定我们想要预测每一个 Y 值，但是只知道均值 $\overline{Y}$。在这种情况下，最好的猜测就是 $\overline{Y}$。不出意料，大部分均值猜测都会偏离观测值。我们用下面这一方程来概括这些偏差（对其进行平方，以防止正负互相抵消）：

$$\text{总偏差平方和(TSS)} = \sum (Y_i - \overline{Y}_i)^2 \quad [6.5]$$

可喜的是，我们已知的信息要比 $\overline{Y}$ 多。在大多数情况下，至少其中一些相对均值的偏差能被回归预测值 $\hat{Y}$ 所解释。我们用以下式子来概括被回归所解释的偏差：

$$\text{回归偏差平方和(RSS)} = \sum (\hat{Y}_i - \overline{Y}_i)^2 \qquad [6.6]$$

如果回归不能解释相对均值的所有偏差，那么误差就依然存在，可用如下式子概括：

$$\text{残差平方和(ESS)} = \sum (Y_i - \hat{Y}_i)^2 \qquad [6.7]$$

因此，因变量 Y 的变化（TSS）包含了两部分：一部分被回归所解释（RSS），另一部分未被回归所解释（ESS）。R^2 的计算公式非常简单：

$$R^2 = \text{RSS}/\text{TSS} \qquad [6.8]$$

一方面，当回归解释了所有的偏差时，$R^2 = 1.0$，表示这是完全线性拟合。另一方面，$R^2 = 0.00$ 就表示 X 和 Y 之间不存在线性关系。通常，R^2 所测量的拟合优度处于 0 和 1 这两个极端值之间。在我们的例子中，$R^2 = 0.63$。就线性模型而言，这表示“父母教育”解释了 63%的“学术能力”变化情况。根据对该模型的理论信心，我们或许会进一步推论认为“父母教育”“解释了”“学术能力”变化的 63%。这里之所以给“解释了”加引号，是为了警告读者，一个很好的统计解释不一定就是一个很好的、完全的理论解释。一般来说，当研究者使用不带修饰语的“解释”一词时，一般假定他们是在探讨理论。

另一个偶尔使用的拟合优度测量指标是 Y 的估计标准误。对简单回归而言，其计算式如下：

$$SEE = \sqrt{\frac{\sum (Y_i - \hat{Y}_i)^2}{N - 2}} \qquad [6.9]$$

该计算式和模型的平均预测误差非常接近。它始终要比平均绝对预测误差稍微大一点，$APE = \frac{b}{S_b}$。但随着样本规模的增大，SEE 和 APE 的这一差别会逐渐缩小，因为分子的作用会更为重要。如果预测没有误差，那么 SEE＝0。在上面的例子中，SEE＝10.7 道试题，这表明平均而言，该模型产生的预测误差还比较大。如果研究者的目的仅仅是预测考试结果，那么该 SEE 值表明这一回归方程并不理想。

当使用 SEE 来评估整体的模型质量时，很难给出准确的判断，因为这一指标值没有理论上限。因此，随着误差的增加，SEE 的值始终会不断增加。这就和 R^2 形成了鲜明对比，因为 R^2 有理论上下限(1 为完全线性，0 为不存在线性关系)。因为这一"上限问题"，当研究者要考察拟合优度时，一般会选用 R^2 而非 SEE。

第 5 节 | 显著性检验和置信区间

在回归分析中，我们几乎总是对样本数据运用最小二乘法，其中，样本方程如下所示：

$$Y = a + bX + e \quad [6.10]$$

但我们的目标是推断到总体参数。按照惯例，我们在总体方程中使用希腊字母，以区别于样本方程。

$$Y = \alpha + \beta X + \varepsilon \quad [6.11]$$

其中，α 是总体截距，β 是总体斜率，ε 是误差项。

一个非常重要的问题是总体参数估计值是否具有统计显著性。前面讨论的显著性检验很容易延伸到回归分析中。能否拒绝零假设(即总体中不存在这一关系)？可以考虑有关斜率的竞争性假设：

$$H_0: \beta = 0$$

$$H_1: \beta \neq 0$$

这里需要使用 t 分布检验，因为我们不知道斜率的标准差，而需要从样本中来估计其标准差。这一统计量的计算式如下：

$$t_{N-2} = \frac{b - \beta}{S_b} \quad [6.12]$$

其中，$N-2$ 是自由度，b 是估计斜率，β 是总体斜率。S_b 是斜率的估计标准差，称做标准误，其计算公式如下：

$$S_b=\sqrt{\frac{\Sigma(Y-\hat{Y})^2/(N-2)}{\Sigma(X-\bar{X})^2}}$$

由于零假设认为总体斜率等于 0，所以这一 t 检验可以简化为：

$$t_{N-2}=\frac{b-0}{S_b} \qquad [6.13]$$

$$=\frac{b}{S_b} \qquad [6.14]$$

对于温特格林学院调查的例子中，我们在 0.05 的统计显著水平上运用该检验，其中 $b=5.04$。这一系数是否在统计上显著？从 t 分布表中我们看到，在自由度为 48($N-2=48$)时，临界 t 值为 2.01。我们的实际 t 值为 9.02(5.04/0.56)，远大于临界值。因此，我们拒绝零假设，从而认为在学生总体中，“父母教育”与“学术能力”相关的可能性非常高。

上述结果也符合一个传统的经验法则，即当 t 比率(b/S_b)的绝对值大于或等于 2.00 时，系数几乎肯定在 0.05 水平上显著。在研究 t 分布表后，我们就会迅速接受这一方便法门。对于一个样本量无限大的样本而言，其临界 t 值为 1.96。进一步来说，这一临界 t 值不会明显超过 2，除非样本量很小。举几个例子，一个样本量为 30 的样本的临界 t 值为 2.04，一个样本量为 10 的样本的临界 t 值为 2.23。毫无疑问，在阅读大量的统计结果和回归方程时，繁忙的研究者都会采用这一经验法则来获取对于相关发现的初步判断。

上述显著性检验法则也适用于我们所预测的另一个参

数——截距。在我们的例子中，截距估计值的 t 比率为 $a/S_a=0.21$。显然，这一数字远小于临界值 2.00。我们马上就可以得出结论，即截距估计值（$a=1.66$）在 0.05 水平上不显著。这表明在总体中，截距很可能是 0。

利用显著性检验，我们确立了拒绝零假设（某回归系数为 0）的标准。但如果系数不是 0，那它可能是多少呢？我们还是看斜率这一很有意思的参数。毫无疑问，最可能的答案是点估计（point estimate）本身，即 b。但盲目地确信这一点估计就完全是愚蠢的。这一点估计或许比总体参数小一些，或者大一点。针对这种可能性，我们可以建立一种区间估计，称为置信区间。上述斜率的无方向性（称为双尾）的 95％的置信区间的计算式如下：

$$b \pm (T_c)(S_b)$$

其中，b 和 S_b 的定义与前面一样。T_c 是双尾 95％置信区间检验所需的临界 t 值。在同是单尾或双尾的情况下，这一临界 t 值和 0.05 统计显著性检验中的临界值是一样的。特定置信区间的统计显著性之间的关系是两者的和为 1，如 $1-0.95=0.05$。下面是上例中 95％的双尾置信区间：

$$5.04 \pm 2.01(0.56)$$

根据这些估计，我们有 95％的信心确定总体斜率位于 3.91 和 6.17 之间。0 并不处于这一区间中（其实只要在 0.05 水平上显著，我们就知道 0 不在这一区间中了）。这个例子中的区间可以说相当窄，大概 4—6 之间。即使我们接受最低值（即 4）是正确的，也依然能有力地表明“父母教育”具有重要影响。

到现在为止,我们所有的假设检验都是无方向性的,或者说是双尾的。也就是说,备择假设认为 X 和 Y 相关,但没有说这一相关是正的还是负的。显然,有的时候我们相信,备择假设是有特定的正负符号的。还是来看上面的例子,我们很少会期望得到负向关系,显示"父母教育"越大,会得到越低的"学术能力"分数。如果把这一先验知识整合进来,产生一个单向的(或者说单尾的)备择假设,这似乎更为有效。从而得到:

$$H_0: \beta = 0$$

$$H_1: \beta > 0$$

其95%的单尾置信区间是:

$$\beta > [b - (T_c)(S_b)] \qquad [6.15]$$

其中所有符号的定义都和上文一样,但要注意的是,临界值 T_c 现在不同了,因为这是单尾检验。因此,

$$\beta > [5.04 - (1.68)(0.56)] = 5.04 - 0.94 = 4.1$$

该值是这一组数值中的最小值,但仍远大于0。因此,在95%的置信度上拒绝零假设,从而认为"父母教育"很可能与"学术能力"正相关。而且,和前面的双尾检验不同,我们相信其效应不太可能小于4.1。这样,通过把先验知识整合进来,我们得到了一个更接近真实效应的阈值。

第6节 | 报告回归结果

本章已经探讨了回归分析中最根本的一些要点。因此，电脑输出结果上的那些计算将不再是奇怪的数字。但怎样把这些数字从电脑输出结果搬到文章中？回归结果必须得到清晰完整的呈现。我们推荐下面报告温特格林学院调查结果时的格式：

$$Y = 1.66 + 5.04 * X + e$$

$$(0.21)(9.02)$$

$$R^2 = 0.63 \qquad N = 50 \qquad SEE = 10.72$$

其中，Y 是“学术能力”测试分数（答对的题目数量），X 是“父母教育”（受教育年数），e 是误差项，括号里的数字是 t 比率值，星号（*）表明在 0.05 水平（双尾）上统计显著，R^2 是决定系数，N 是样本规模（学生数量），SEE 是 Y 估计值的标准误。

当回归结果以这种方式呈现出来时，读者就能得到用来评价这一分析的信息，包括变量、测度、系数、显著性检验、拟合优度和样本信息。在报告回归结果时，谨慎的研究者都会使用这一格式，或者类似的格式。

第7章

多元回归

在多元回归中,我们纳入多个自变量。这么做的主要理由有两个。其一,我们假定因变量 Y 受多个因素的影响。其二,我们希望增强特定的 X 影响 Y 这一论断的信心,即使在考虑了其他因素之后。多元回归的一般模型如下:

$$Y = a + b_1X_1 + b_2X_2 + b_3X_3 + \cdots + b_kX_k + e \quad [7.1]$$

其中,Y 是因变量,X_1, X_2, X_3, …, X_k 是自变量,a 是截距估计值,b_1, b_2, b_3, …, b_k 是特定斜率的估计值,e 是误差项。

根据这一模型,Y 是多个变量的线性可加函数。通过最小二乘法可以得到系数的估计值。通过微积分计算,可以得到一组唯一的 a, b_1, b_2, b_3, …, b_k 值,使残差平方和最小,从而得到最佳的线性拟合。但与简单回归不同,这一拟合并不是一个二维空间中的一条直线。以只有两个自变量这一最基本的情况为例,最小二乘法找到一个平面,使该平面对三维空间中的一组点的拟合达到最佳。当自变量多于三个时,该拟合平面就成为 $(k+1)$ 维空间中的一个高维平面(hyperplane)。

第1节 例子

在温特格林学院调查中，我们无法相信入学考试成绩仅受父母教育的影响。显然，很多其他因素也会影响学生的成绩。这些因素中的一个变量就是社区类型，我们在调查中已经对其进行了测量（参见表2.1）。虽然可能是错的，但我们怀疑来自小社区的学生的成绩比城市学生的成绩高。就让我们做这样的假设，即除了父母教育之外，社区类型这个变量也对学生成绩起作用。这就意味着如下的多元回归模型：

$$Y = a + b_1 X_1 + b_2 X_2 + e \qquad [7.2]$$

其中，Y 是“学术能力”考试分数（答对的题数），X_1 是“父母教育”（平均受教育年数），X_2 是“社区类型”（0＝城市，1＝农村）。

这一模型的一般最小二乘估计是：

$$Y = 5.46 + 4.44 * X_1 + 11.28 * X_2 + e$$

$$(0.79) \quad (8.69) \qquad (3.99) \qquad [7.3]$$

$$R^2 = 0.72 \qquad N = 50 \qquad \text{SEE} = 9.36$$

其中，所有的变量都和上文的定义一样，括号里的数字是 t 比率值，星号（*）表明在0.05水平（双尾）上统计显著，N 是样本规模(学生数量),SEE是 Y 估计值的标准误,R^2 是多元决定系数。

这一结果提供了很多信息。"社区类型"的系数 $b_2 = 11.28$,其 t 值远大于0.05水平上双尾统计显著性检验的经验临界值 $t = |2.00|$。所以几乎可以肯定,该变量对学生成绩有影响。这一斜率估计,如果 X_1 保持不变,农村学生的考试分数大约要比城市学生高11分。这一作用幅度虽然不是非常大,但也不小。同时,"父母教育"(X_1)的作用也是统计显著的。根据这一多元回归估计,"父母教育"每增加一年,学生的"学术能力"考试分数就相应增加4.44分。这一估计值比一元回归所得到的估计值(5.04)略小,但它更为准确,因为引入了控制,这一控制是通过保持 X_2 不变来实现的。总的来说,这一多元模型比一元模型拟合得更好,因为 R^2 增加了0.09(从0.63到0.72)。同时,*SEE* 也有所改进,从10.71减少到9.36。无论从统计还是理论上来说,这一模型都是一个进步。

第2节 | 统计控制

在多元回归分析中，理解如何实现统计控制极其重要。为了便于读者理解，我们首先与实验控制进行比较。X 是否影响 Y? 在实验研究中，为了回答这一问题，在研究对象已经被随机分配到各组之后，我们对 X 进行调节，使各组接受不同的 X“干预”。以某年级数学班为例。老师珍妮特·布朗(Janet Brown)正在介绍矩阵，她想知道听课和自己看书这两种方式，哪种对学生的学习更有效。这里的“干预”或者说自变量，就是“教学方法”(X_1)，其有两个取值，1＝上课，0＝自己看书。因变量是“矩阵知识”(Y)，通过一个20题的小测验来计分。布朗小姐把50名学生随机分配到不同的干预组中，一半上课，另一半自己看书。在进行小测验之后，她做了一个0.05水平上差异的显著性检验(运用 t 值检验的简单回归分析可以作为这一次评估的基础。虽然实验数据传统上都是使用方差分析，但回归分析也能产生高度类似甚至等同的统计结果，参见 Iversen & Norpoth, 1987)。

布朗小姐由此得出结论：不同“教学方法”的效果确实存在差异。当然，她无法完全地肯定这一结论，但她可以强有力地得出这一推断。因为她以很高的概率排除了其他可能性，即其他自变量(X_2, …, X_k)导致了两个组别之间的差别。因为学生是随机分配到两个组中的，所以没有理由认为这两个组之间存在什么重要差别，除了干预。因此，如果他们的测验成绩存在显著差别，我们很容易接受如下判断，即认为是对自变量的干预导致了这一差别。

实验控制具有强有力的推断，这和多元回归分析所遵循的统计控制形成了鲜明对比。对于观测数据来说，一般不会去考虑干预自变量取值这一做法。在任何情况下，我们所研究的社会、政治或心理因素都是不受研究者直接影响的。以上述的“矩阵知识”(Y)为例，一个可能的非实验方法是，我们对不同班级中的老师进行观测，这些老师采用不用的教学方法(X_1)，其中一些采取讲课的方式，另一些则是布置学生自己看书。如果我们的记录发现 X_1 和 Y 之间存在统计上显著的关系，那么问题就变成了要确定这一关系是教学方法导致的，还是其他变量(譬如 X_2)引起的。假如 X_2 是基于数学能力进行的班级分配，那么有可能老师对数学能力较高的班级采用讲课的形式，从而产生了 Y 和 X_1 的相关，但这一相关是虚假的，而非因果性的。为了检验这种虚假相关的可能性，我们可以在保持 X_2 不变的情况下，用 Y 对 X_1 进行回归。

上述温特格林研究中的多元回归方程实际上可以看作检验虚假相关假设。或许有人会说观测到的“父母教育”(X_1)和“学术能力”(Y)之间的二元关系是虚假的，都是受到“社区类型”(X_2)影响所产生的结果。这就是说，“社区类型”可能同时决定了“父母教育”和“学术能力”。正是因为这种共同的变化，我们观测到 X_1 和 Y 相关，即使它们不存在因果联系。上述的 OLS 结果允许我们拒绝这一完全虚假相关的假设。即使保持 X_2 不变，X_1 依然对 Y 具有很强的作用。然而,回归系数的减小(从二元回归中的5.04到多元回归中的4.44)表明,先前的二元回归中存在部分的虚假相关,虽然可能比例很小。当然,这只是获得结论的另一种方法,表明多元回归得到的斜率如我们所预期的那样更加接近真实。

显然,为了在一个非实验的情境中得到某个自变量的效应,非常重要的一点是要“保持其他变量不变”。但在技术上,多元回归如何做到这一点?我们从基本的二元回归开始,即Y是两个自变量X_1和X_2的方程,然后推广到一般情况。X_1的偏回归斜率可以通过计算与X_2线性不相关的变异部分得到:

$$b_1 = \frac{\sum (X_1 - \hat{X}_1)(Y - \hat{Y})}{\sum (X_1 - \hat{X}_1)^2} \qquad [7.4]$$

其中,Y是因变量,X_1和X_2是自变量,$\hat{X}_1 = f_1 + f_2 X_2$(来自$X_1$对$X_2$的简单回归的预测值),$\hat{Y} = g_1 + g_2 X_2$(来自$Y$对$X_2$的简单回归的预测值)。

从这个公式中,可以清楚地看到偏斜率b_1是基于X_1和Y的变异得到的,但独立于X_2。通过这种方法,我们就控制住了来自X_2的潜在的扭曲作用。我们说“保持X_2不变”是因为X_2的值不再对X_1和Y之间的关系有任何影响。因此,“父母教育”增加一年就预计带来“学术能力”4.44分的增加,不受学生的“社区类型”的影响。类似地,“社区类型”的作用(由b_2估计得到)也完全独立于X_1的作用。

第 3 节 | 模型设定错误

在相信最小二乘法估计的有效性之前，我们需要确信所建构的理论模型是正确的。变量 Y 必须确实是取决于纳入模型的诸多自变量 X，否则我们就犯了模型设定错误。换言之，即模型是否纳入了“正确”的变量？除了统计结果之外，理论和前人的研究具有重要指导作用。在我们的上述模型中，“父母教育”和“社区类型”都是基于这些理由而被纳入模型的。然而具有影响力的变量绝不止这两个。那么是否应当引入其他因素？一般来说，为了回答这样一个问题，必须弄清楚下述一系列问题。细致的理论化是否显示存在其他相关自变量？经验研究的文献有何提示？如果需要其他变量，那它们被测量了吗？不管是否被测量，不纳入这些变量的代价是什么？

再回过头来看我们的例子。仅基于思考，我们也可能也会觉得除了上述变量外，其他变量也会影响“学术能力”。在我们所测量的变量中，具有这种可能性的就是“学生动机”（参见表 2.1）。如果一个学生说自己学习越努力，我们就预期该学生在入学考试中考得越好。根据这两个变量的相关系数 $r=0.46$，这一看法得到了初步的支持。假设我们把理论模型改成如下形式：

$$Y = a + b_1X_1 + b_2X_2 + b_3X_3 + e \qquad [7.5]$$

其中,Y 是“学术能力”,X_1 是“父母教育”,X_2 是“社区类型”,X_3 是“学生动机”。对这个修正模型的最小二乘估计如下:

$$\hat{Y} = 5.4 + 4.46 * X_1 + 11.30 * X_2 - 0.10X_3$$

$$(0.74) \quad (7.63) \qquad (3.88) \qquad (-0.05) \qquad [7.6]$$

$$R^2 = 0.72 \qquad N = 50 \qquad \text{SEE} = 9.46$$

其中,Y, X_1 和 X_2 如上定义;X_3 是“学生动机”,其取值如表 2.1 所示,是一个三分的量表,从低到高分别是 0, 1, 2;对统计量和系数的定义和上文一样。

这些结果很有意思。“学生动机”改善入学考试成绩的论断并未得到支持。X_3 的系数实际上是负的,而且远达不到统计显著的要求。t 值的绝对值只有 0.05,切记不要把这个数字与 0.05 的统计显著性水平相混淆,我们知道在 0.05 水平上显著的临界值是 2.00。而且,其他自变量的系数和相应的统计量和二元模型相比基本都没有什么变化。因此,在模型中忽略 X_3 得到了一些支持。进一步说,原初的模型设定(包括 X_1 和 X_2)在经验上证明没有错误,即使一个可能的间接动机测量 X'_3(“导师评价”,表 2.1 中的变量 AE)被纳入模型。也就是说,b_1 和 b_2 的估计都没有发生什么变化,而斜率估计值 b'_3 在 0.05 水平上统计不显著。这里不列出详细的方程结果,但读者通过对表 2.1 数据的分析,很容易就能得到这些结果。

我们相信原初的 X_1 和 X_2 模型是“真实的”,至少就目前来说。这一信念经受了纳入其他已经测量的变量(X_3 和

X'_3)的挑战。但对于那些可能的但又没有测量的自变量又如何呢?譬如,可能学生的高中经历会对入学考试成绩有影响,例如“高年级的平均绩点”(X_4)或“出勤情况”(X_5)。以 X_4 为例,或许我们应该测量 X_4,但是却没有。在学术能力模型中忽略了这一变量的后果有多严重?更准确地说,它对我们所得到的斜率估计的质量有什么影响?因为 X_4 没有被纳入模型,所以它就被归入了方程的误差项。有可能“高年级的平均绩点”(X_4)会影响“学术能力”(Y),同时和“父母教育”(X_1)相关。在这种情况下,原初多元模型中的 b_1 估计值就会有偏。在该模型中,几乎可以肯定的是估计值偏高了。因为这违反了下述回归假设:误差项和模型中的自变量不相关。有关无偏估计所需的所有回归假设的简要讨论,以及对估计值性质的要求的探讨,可参见附录。

一个显而易见的补救措施是对缺失的变量 X_4(高年级的平均绩点)进行测量,然后纳入修正估计模型中,这在我们这个研究项目中并不难完成。然而,我们并不总是能去测量缺失的变量。在这种情况下,还是可以采取不少措施进行补救。经过深思熟虑,我们可能认识到缺失变量(假设现在不是 X_4 而是 X_5“出勤情况”)不仅不影响 Y,而且也不和其他已经纳入模型的自变量相关(只有这两个条件同时存在才会导致估计有偏)。因此,就可以排除 X_5,或者任何其他具有类似特征的变量,但又不会使模型已有变量的系数有偏。这是一种幸运的理论情况。在实践层次上的重要性在于,这意味着为了得到想要的参数估计,研究者不需要引入世上每一个可能的自变量。重要的是那些就理论而言应当被纳入模型的变量,而那些被排除的变量和这些纳入模型的变量不相关。

第4节 | 虚拟变量

回归分析假设变量是定量测量的。但是,上文中包含三个自变量的模型中的变量 X_3“学生动机”是一个定序变量。从纯技术角度来说,方程加诸 X_3 的定量假设是不恰当的。虽然这是一个研究中经常使用的做法,但或许正是这一做法导致了 X_3 和 Y 之间虚假相关这一结论是错的。克服这一测量问题的一个方法是虚拟变量,这也是当自变量是定序或名义变量时采取的通用解决办法。设置虚拟变量时,把拥有 G 个类别的定性变量转变成 $G-1$ 个虚拟变量。

以上文中的“学生动机”变量为例,这一概念变量(conceptual variable)是定序的,其原始取值是 0, 1, 2。因此,它包含三个类别 ($G=3$)。

在建构虚拟变量之前,我们需要选定一个基准类别。从数学角度来说,选择哪个为基准没什么区别,但选择某些类别做基准可以使我们的解释更为直观和直达本质(因为对截距的估计就是基准类别的效应)。习惯上选取极端取值为基准类别。假定我们以“0”(动机水平最低)为基准。我们需要 $(G-1)=2$ 个虚拟变量,分别记为 D_1 和 D_2,并据此对 X_3 进行重新编码:

$$D_1=\begin{cases}0(\text{如果 } X_3=0 \text{ 或 } 2)\\1(\text{如果 } X_3=1)\end{cases}$$

$$D_2=\begin{cases}0(\text{如果 } X_3=0 \text{ 或 } 1)\\1(\text{如果 } X_3=2)\end{cases}$$

因此 D_1 和 D_2 是两个定量的二分类变量，取值为 0 或 1。只要知道某学生在 D_1 和 D_2 上的取值，就能知道该学生在这一概念变量上属于哪一类别。例如，如果 $D_1=0$ 和 $D_2=0$，那么这名学生必定属于“低”动机水平类别。如果错误地建构了 G 个虚拟变量，假如说这里增加一个 D_3，那么就会因为数学上的冗余导致估计无法进行。[①]因此需要注意避免这一“虚拟变量陷阱”。

基于上面的讨论，我们利用定量的虚拟变量来测度“学生动机”，并对多元回归模型重新进行估计，得到如下结果：

$$Y=6.35+4.58*X_1+11.64*X_2-5.85D_1-1.00D_2+e$$

$$(0.90)\quad(8.70)\qquad(4.12)\quad(-1.67)\ (-0.24)\ [7.7]$$

$$R^2=0.75\quad 修正 R^2=0.72\quad N=50\quad \text{SEE}=9.16$$

其中，Y, X_1 和 X_2 以及统计量都和前面的定义一样；D_1 和 D_2 是上文所定义的虚拟变量；修正 R^2 是多元决定系数，考虑了增加自变量导致的所用自由度的变化。

这些结果表明“学生动机”的增加，不管是从低到中间（D_1 的系数），还是从低到高（D_2 的系数），都对“学术能力”没有统计显著的作用（它们的 t 值的绝对值都没有接近

① 其实就是带来了完全共线性，导致模型无法被识别，不能通过最小二乘法得到一组唯一的估计值。——译者注

2.00)。确实,在之前的模型中,这一变量是定序测量的,其关系显示是有点负向的。因为严格遵照测量的假设要求,所以这里我们有更强的信心做出结论,认为“学生动机”不影响“学术能力”。此外,我们还看到,虽然增加了一个额外的变量(这个模型有四个自变量,而之前的方程7.6只有三个自变量),但对用掉的自由度进行修正之后,R^2 并没有什么变化。(参见上文报告的修正 R^2。给回归方程每增加一个自变量,就多用掉了一个自由度。这意味着,从几率上来说,未经修正的 R^2 更可能报告偏高的拟合度。修正 R^2 进行了向下调整,从而对这一偏高的几率进行了修正。当研究者有很多自变量,而个案数并不是太多时,尤其需要报告修正 R^2。)

虚拟变量多元回归(有时候会采用这一称呼)使分析变得更为便利。关于虚拟变量回归的更为详尽的阐释,请参见哈迪的论述(Hardy, 1993)。因此,不管其测量层次如何,自变量都能被纳入定量模型中(当因变量是虚拟变量,也即二分类变量时,一般最小二乘法仍然能产生无偏的估计值,但却不是最有效的。更进一步的讨论请参见附录)。

第 5 节 | 共线性

利用观测样本进行的非实验回归分析中的自变量之间总是存在共线性关系。也就是说,每一个 X 在某种程度上都会和其他 X 单个地或联合地线性相关。以公式 7.3 所代表的包含两个自变量的模型为例,这一关系就可以用 X_1 和 X_2 之间的相关系数 $r=0.30$ 进行测度。因为共线性是不可避免的,一点共线性并不是问题,但太多就可能产生问题。高的共线性之所以是个问题,是因为它会导致斜率估计的不稳定。它可能会使系数值非常不确定。当这一不稳定性足够大时,估计的某个 X 的斜率系数就会统计不显著,而事实上该变量 X 在总体中对 Y 是有影响的。在研究实践中,高的共线性带来的最麻烦之处就在于,即使存在结构性的关联,但结果确实统计不显著。

对斜率估计而言,高的共线性会产生很大的标准误。这些大的标准误导致了很宽的置信区间,使得斜率值非常不确定。回顾一下关于 b 的 95%的双尾置信区间公式:

$$b \pm (T_c)(S_b) \qquad [7.8]$$

其中,b 是斜率估计值,T_c 是临界 t 值,S_b 是 b 估计值的标准误。

根据这个公式，很明显，S_b 增加，b 的区间就会变宽，总体斜率的值也就更难以确定。实际上，当 S_b 足够大时，甚至都难以拒绝零假设来确信总体斜率不等于 0。换言之，要宣称斜率估计值统计显著变得几乎不可能。看过对斜率估计进行显著检验的 t 比率公式之后，对这个问题就会看得清楚：

$$t = \frac{b}{S_b} \qquad [7.9]$$

其中，t 是 t 比率值，b 是斜率估计值，S_b 是 b 的标准误。

请谨记我们的经验法则，即 t 值的绝对值超过 2.00，该系数就会在 0.05 水平上统计显著。很显然，当分母 S_b 变得很大时，t 要大于 2.00 就变得更为困难。什么导致 S_b 变大？换言之，什么因素增加了斜率估计的变异性？来看下面这个关于斜率估计 b_j 的方差的公式：

$$\text{方差 } b_j = S_{b_j}^2 = \frac{S_u^2}{V_j^2} \qquad [7.10]$$

其中，$S_{b_j}^2$ 是斜率 b_j 的平方的估计标准误；S_u^2 是回归误差项的方差；$V_j^2 = (X_j - \hat{X}_j)^2$，其中 $(X_j - \hat{X}_j)^2$ 是来自自变量 X_j 对模型中的其他自变量 $X_i (i \neq j)$ 进行回归所得到的预测误差，或者叫残差。

从这个公式可以看到，当分母 V_j^2 变小时，b_j 的方差及其标准误就会变大。当其他自变量 $X_i (i \neq j)$ 能高度预测 X_j 时，分母就会变小。这就是高度共线性的情况。这个分母也提供了评估某系统中共线性水平的一种方法。后面我们会谈到这一方法。

在使用回归结果之前，研究者应当对显示存在高共线性问题的症状保持警惕。估计值是不是在所期望的大小水平上？其正负符号是不是“对”？斜率的标准误是不是不同寻常地偏大？是不是 R^2 很高，但系数却不显著？这些症状里没有一个是决定性的，或许除了最后一个。但它们的出现提示我们应该严肃地探讨如何排除估计值受到严重共线性影响这一假设。

在温特格林学院调查数据的分析中是否也出现了这些高共线性的症状？为了阐释之便，再来看前面提到的包含四个自变量的模型(公式 7.7)。“父母教育”(X_1)和“社区类型”(X_2)效应的估计值大小似乎并无特别之处，其正负符号也在意料之中。X_1 系数的标准误没有显得特别大，虽然 X_2 系数的标准误并不小。R^2 相当高，但四个系数中只有两个不显著(即虚拟变量 D_1 和 D_2 的系数)。总体而言，这些结果并未表现出令人担忧的症状。

我们的目的是要表明不存在共线性问题。但批判者可能认为 D_1 和 D_2 的系数之所以统计不显著，是因为系统中实际上存在较大的共线性(而非总体中 D_1 和 D_2 与 Y 没有什么真正的关系)。在这种情况下，一种直接的评估共线性水平的方法值得推荐，这就是用每一个 X_j 对所有其他的 $X_i(i \neq j)$ 做回归：

$$\hat{X}_1 = 11.49 + 0.79X_2 + 2.25D_1 + 3.48D_2 \quad R^2 = 0.29$$
$$\hat{X}_2 = -0.22 + 0.03X_1 + 0.20D_1 + 0.30D_2 \quad R^2 = 0.12$$
$$\hat{D}_1 = -0.18 + 0.06X_1 + 0.13X_2 - 0.80D_2 \quad R^2 = 0.45$$
$$\hat{D}_2 = -0.39 + 0.06X_1 + 0.13X_2 - 0.56D_1 \quad R^2 = 0.53$$

[7.11]

其中，X_1 是“父母教育”；X_2 是“社区类型”；D_1 和 D_2 是“学生动机”的虚拟变量；所有变量的测量都和前面一样；R^2 来自一个自变量 X_j 对所有其他自变量 $X_i(i \neq j)$ 的预测。

上述四个方程不是解释性的，而是实用性的，主要是根据一组中最高的 R^2 来评估系统的共线性水平。一些统计软件包在多元回归结果输出中一般都会在“容许度”这一栏中给出容许度估计，在这种情况下，$R^2_{X_j}=1-$容许度。这里最后一个方程的 R^2 最高，$R^2=0.53$，但仍远小于 1.0(1.0 表示完全共线性)。这个 $R^2_{X_j}$ 也比 R^2_Y 小很多，后者是实际的解释模型的拟合度(公式 7.7 的 R^2 为 0.75)。一个表明存在高共线性问题的偶尔有用的经验法则是：$R^2_{X_j} > R^2_Y$。这一法则在这里并未被违反。总的来说，我们认为公式 7.7 得到的估计值没有受到共线性的影响。具体而言，D_1 和 D_2 的系数不显著这一结果依然站得住脚。仅仅因为一个系数不显著并不足以表明存在共线性问题。显然，缺乏统计显著性可能仅仅表明 X 确实很可能与 Y 不相关。反之，如果统计显著，则表明很可能不存在共线性问题。

假设，与上面这个例子相反，某位分析者认为存在高共线性。那么应该如何应对？教科书上的解决办法是增加样本量，因为这样可以提供更丰富的信息，可能就使得共线性问题得到解决。但不幸的是，多数情况下没法增加样本数量。通常，我们只能使用手头所有的观测样本！在这种情况下，其他可选的办法就变得更为困难。假定模型提供了正确的变量(我们也应当这样设定模型)，那么从模型中剔除一个或更多的变量形成一个修正模型就是不恰当的。这一类有意为之的模型设定错误必然会导致有偏的估计。一个或许有用的折中办法是把两个估计模型的结果都报告出来，第一个是完整模型（包含所有变量），第二是剔除引发共线性的自变量（也即 $R^2_{X_j}$ 最高的那个方程的自变量 X_j）之后的模型。或许，但也仅仅是或许而已，尽管两个模型设定不同，研究者得到的结论却是一样的。例如，可能某个重要的系数 b_k 在两个模型中都不显著。关于高共线性诊断以及其他回归诊断的更详尽的论述，请参见福克斯的论述（Fox，1991）。

第6节｜交互效应

到目前为止，我们都遵循传统的假设，即某个自变量的效应不受其他自变量取值的影响。这就意味着，X_1 一个单位的变化就会预期产生 Y 一个 b_1 的变化，无论 X_2，X_3 或 X_k 取什么值。虽然这一条件经常是有效的，但并不总是如此。当 X_1 的效应确实取决于 X_2（或者其他自变量）的取值时，就产生了交互效应。如果某回归模型中存在交互效应，那么就会有一个乘积项，譬如 X_1 乘 X_2，而不是通常的相加，譬如 X_1 加 X_2。

在温特格林学院调查中，考虑一个交互效应的假设。首先，回顾一下标准的原始模型，其中的所有效应都是严格相加的：

$$Y = 5.46 + 4.44 * X_1 + 11.28 * X_2 + e$$

$$(0.79) \quad (8.69) \quad (3.99) \qquad [7.12]$$

$$R^2 = 0.72 \quad N = 50 \quad SEE = 9.36$$

其中的变量和统计量的定义都如前所述。

根据这个模型，学生父母的平均教育水平增加一年，学生的分数就增加 4.5 分，无论他们是来自农场还是城市。换言之，X_1 的效应被假定独立于 X_2 的取值。但这是一个可靠的假设吗？或许父母教育的效应实际上是根据学生的家庭所在地类型而有所变化的。其中一个可能性是，在城市环境中，父母教育的传递作用更弱，因为存在其他与之竞争的社会化力量。在这种情况下，城市学生的“父母教育”变量的斜率实际上比农村学生的斜率低。也就是说，X_1 的斜率应该随 X_2 的取值变化而变化。为了检验该假设，我们在回归模型中增加了乘积项（X_1 乘 X_2），如下所示：

$$Y = a + b_1X_1 + b_2X_2 + b_3(X_1X_2) + e \quad [7.13]$$

用一般最小二乘法进行估计得到：

$$Y = -0.53 + 4.90 * X_1 + 34.75 * X_2 - 1.64(X_1X_2) + e$$

$$(-0.07) \quad (8.23) \qquad (2.12) \qquad (-1.45) \quad [7.14]$$

$$R^2 = 0.74 \quad 修正\ R^2 = 0.72 \quad N = 50 \quad SEE = 9.26$$

其中，变量和统计量的定义都如前所述。

根据交互假设，系数 b_3 应当是正的，并且统计显著，但事实并非如此。t 值为 -1.45，其绝对值也比 2.00 小很多。

我们来具体说明一下。下面是农村学生的预测方程（$X_2 = 1$）：

$$\begin{aligned}\hat{Y} &= a + b_1X_1 + b_2(1) + b_3X_1(1) \\ &= (a + b_2) + (b_1 + b_3)X_1 \\ &= (-0.53 + 34.75) + (4.90 - 1.64)X_1 \quad [7.15] \\ &= 34.22 + 3.26X_1\end{aligned}$$

而城市学生的预测方程（$X_2 = 0$）则是：

$$\begin{aligned}\hat{Y} &= a + b_1X_1 + b_2(0) + b_3X_1(0) \\ &= a + b_1X_1 \quad [7.16] \\ &= -0.53 + 4.90X_1\end{aligned}$$

我们看到，城市学生的斜率比农村学生的斜率稍微大一点（4.90 > 3.26），这与我们的假设相反。然而，更重要的是两个斜率之间的差异（差异是 1.64，即 b_3）在 0.05 水平上不具有统计显著性。

在这个研究例子中，交互假设没有得到支持，所以我们只得使用完全叠加效应的原初模型。但一般来说，在对其他进程进行模型化时，很可能存在交互效应。如果理论表明存在交互效应，那么社会科学研究者应该毫不犹豫地把它们放到回归模型中。关于如何在多元回归模型中处理交互效应的详尽论述，请参见杰卡德、图里西和万的论述（Jaccard, Turrisi & Wan, 1990）。

第 7 节 | 非线性

到现在为止，我们都是假设因变量是自变量的线性方程。这一假设是为了方便而做出的。大量的经验性社会研究经验表明，大多数时候，我们很难对线性模型设定再进行改进。但显然也存在这样的情形，即线性模型在理论和经验上都有所不足。因此总是有必要来考虑非线性关系的可能性，如果需要，就要对这种关系进行明确的模型化。可喜的是，回归模型提供了大量的这种机会。基本的策略非常简单：如果说 X 和 Y 之间的关系是非线性的，可以利用数学变换把这种非线性关系变成线性。经过变换之后，一般最小二乘法就适用于该模型，而不会违反线性假设。接下来，我们就来证明这一点。

在前面的某章节中，我们开始思索“父母教育”(X_1)和“学术能力”(Y)之间的关系形式。我们假设这一关系是线性的。在这种线性假设下，只要 X_1 变化一个单位，Y 就会产生相同的变化，无论 X_1 的取值是多少(譬如，从 14 年到 15 年一个单位的变化，和从 10 年到 11 年一个单位的变化所带来的作用是相同的)。当然，在理论上还存在其他的非线性可能。图 7.1 描述了基本线性关系(图 7.1A)之外的三种可能关系。其中一种曲线可能是 Y 是 X_1 的对数方程，如图 7.1B

所示。在这种关系形式中，X_1 一个单位的变化对 Y 有影响，但随着 X_1 值变大，其对 Y 的影响作用越来越小。譬如，教育从 14 年增加到 15 年会对考试成绩产生正向作用，但其作用不如从 10 年增加到 11 年所产生的作用强。从理论角度来看，这可能是因为高中阶段多受教育比大学阶段多受教育更重要。

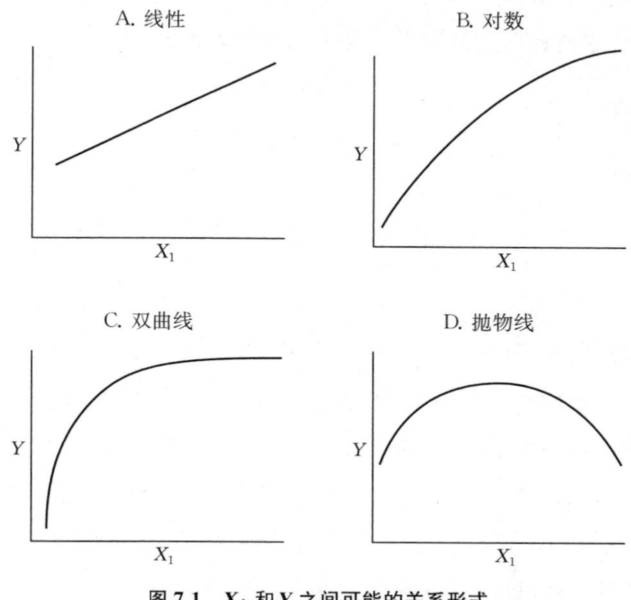

图 7.1　X_1 和 Y 之间可能的关系形式

还存在其他这种类型的理论事例，其中 X_1 的作用取决于它自己的取值。其中一个常见的例子是 Y 是 X_1 的双曲线方程，如图 7.1C 所示。在这一关系中，X_1 的作用一直是正向的，但作用的幅度减小非常快，直至最后为 0。譬如，与教育从 14 年到 15 年变化一个单位相比，10 年到 11 年这一个单位变化产生的作用要相对大很多;同时,比如从 19 年到 20 年这一个单位的变化可能几乎没什么影响了。另一种可能性是 Y 的抛物线模型,如图 7.1D 所示。Y 随着 X_1 的增加而增加,直到某个点,此后 Y 会随着 X_1 的增加而减小。例如,父母教育对孩子成绩的正向作用可能止步于研究生教育水平(大约 17 年左右的教育),研究生水平之后父母教育的增加或许会对孩子的成绩产生不利影响。

这四张图的数学形式是下列四个方程:

$$\begin{aligned}
&\text{线性:} && Y = a + b_1 X_1 \\
&\text{对数:} && Y = a + b_1(\log X_1) \\
&\text{双曲线:} && Y = a - b_1(1/X_1) \\
&\text{抛物线:} && Y = a + b_1 X_1 - b_2 X_1^2
\end{aligned} \qquad [7.17]$$

第一个模型表示原始观测 X_1 和 Y 之间的线性关系,是我们所熟悉的。其余的三个模型各自拟合了 X_1 和 Y 之间的曲线关系,根据对 X_1 的不同变换(分别是对数、倒数和平方变换)。只要原始的 X_1 和 Y 之间的特定非线性关系设定是正确的,那么恰当的变换就能产生线性关系。譬如,如果观测到原始的 X_1 和 Y 之间的关系是双曲线,那么就应该观测到 X_1 的倒数(即 $1/X_1$)和 Y 之间呈线性关系。因此,对变换后的方程,就可以在遵循线性假定的前提下运用一般最小二乘法进行估计。

在决定某模型是线性还是非线性关系时,理论应当起指导作用。但有时候,理论的指引是很含糊和模棱两可的。我们或许认为 X_1 和 Y 是线性关系,但批评者或许认为理论提示它们呈非线性关系。解决此类争论的一个办法是对相互竞争的模型设定都进行估计。假设对“学术能力”的解释存在争论。我们坚持原初的线性模型，这里标记为模型1；但批评者则分别提出了模型2、模型3和模型4。请注意，所有这些模型都包含了变量 X_2（“社区类型”），认为它对因变量有部分解释力。当然，在任何模型设定中，一些变量可能进行了形式变换，另一些则没有被变换。下面是这四个模型的一般最小二乘估计结果。

模型1（包含未经变换的 X_1）：

$$\hat{Y}=5.46+4.44*X_1+11.28*X_2$$
$$(0.79)\quad(8.69)\quad(3.99)\qquad[7.18]$$

$R^2=0.72$　修正 $R^2=0.71$　$N=50$　SEE=9.36

模型2（包含 X_1 的自然对数）：

$$\hat{Y}=-91.31*+60.77*(\log X_1)+10.71*X_2$$
$$(-5.06)\quad(8.65)\quad(3.75)\qquad[7.19]$$

$R^2=0.72$　修正 $R^2=0.71$　$N=50$　SEE=9.39

模型3（包含 X_1 的倒数）：

$$\hat{Y}=126.02*-781.25*(1/X_1)+10.43*X_2$$
$$(16.35)\quad(-8.27)\quad(3.53)\qquad[7.20]$$

$R^2=0.71$　修正 $R^2=0.69$　$N=50$　SEE=9.65

模型4（包含 X_1 的平方）：

$$\hat{Y}=-8.29+6.47X_1-0.07(X_1^2)+10.98*X_2$$
$$(-0.26)\quad(1.40)\quad(-0.44)\quad(3.74)\qquad[7.21]$$

$R^2=0.72$　修正 $R^2=0.71$　$N=50$　SEE=9.44

其中所有变量和统计量的定义都如前所述。

通过审视这些统计结果，我们并没有发现统计上的证据认为非线性模型比线性模型 1 更好。模型 1 的 t 值很大，虽然仅仅比其他模型的 t 值大了没多少。而且其他模型的 R^2 都没有比模型 1 大，模型 1 的 SEE 也比其他模型都要小一些。最后，模型 1 中 X_1 系数的解释更为普遍、鼓舞人心和直观。而对于其他模型的 X_1 系数则不能下这样的判断。因此基于经验考虑，我们更偏向模型 1。基于理论，模型 1 也是最强有力的解释。当然，对于其他社会科学研究问题，非线性模型设定很可能在经验和理论上都更契合。只要理论上合适，研究者必须时刻准备着在模型中纳入非线性，并在恰当的变换之后进行一般最小二乘法估计。

第8节 | 归纳和结论

在多元回归中,我们用多个自变量(标记为 X_1, X_2, …, X_k)来解释一个感兴趣的因变量(标记为 Y)。因此,分析始自一个理论建构的模型,该模型是一个线性可加函数。运用一般最小二乘法对其中的结构关系进行估计。斜率估计是为了告诉我们,在控制其他条件不变情况下,当 X_1, X_2, …, X_k 变化时 Y 会发生什么情况。这些估计是否可靠稳健?答案主要取决于对模型假定和一些问题的诊断。模型中是否纳入了正确的变量?它们和误差项是否相关(误差项可能包含了忽略变量)?是否在恰当层次上对这些变量进行了测量?是否存在高共线性?是否应当考虑交互效应?设定非线性模型是否更好?当处理这些问题出现麻烦时,我们已经提供了一些建议。正如读者所看到的,一般最小二乘法是一个极其灵活便利的工具,几乎能应付所有的多变量数据分析。

建 议

对大千世界如何运转的好奇心驱使我们进行数据分析。一些事情是如何发生的？这些事情的真实情况是什么？它们正在经历变化吗？为什么？从统计学角度来说，一个研究问题可能涉及最简单的工具，即使仅仅是有时候。现任总统不受公众欢迎吗？第二次世界大战后，总统受欢迎程度的变化如何？这些都是单变量统计，可以用民意测验数据进行检验。总统的受欢迎程度是否和国家的失业率相关？这是关于相关大小及是否显著的问题。总统受欢迎程度是否能被失业率、外交政策和种族关系的变化所解释？这样问题就变得更为复杂，就需要进行多元回归分析。不管这些研究问题是简单还是复杂，在仔细研读本书之后，我们都能很好地解答。

但我们仍然还没有囊括甚至也没有涉及定量研究所有重要的方法论问题。一个全面的分析者需要掌握关于测量、多方程系统和这两者间关系的文献。学会所有这些统计技术会让你成为更优秀的研究者。统计学为社会科学发现提供了一系列的法则。但我们绝不能被这些法则所奴役。判断、洞见和意外的发现都在数据分析过程中扮演了关键性的角色。一个有价值的想法比得上一千次计算机运算。

附　录

回归假设

一旦违反了回归假设，这就意味着得到的结果仅仅是一些计算机输出的数字。而当回归假设得到满足时，对样本数据的估计就能告诉我们有关真实世界中关系结构的一些信息。在技术层面，我们就可以说最小二乘估计值是无偏的（假设不断用样本来估计一个斜率，然后对这些估计值取均值。如果这个估计斜率的均值等于总体斜率，那么它就是无偏的）。利用无偏估计，就能对总体多元回归方程的参数做出强有力的推断。

$$Y=\alpha+\beta_1X_1+\cdots+\beta_kX_k+\varepsilon \qquad [A.1]$$

一些回归假设是隐含的，一些是比较明显的。不同的研究者对它们的表述也可能有所不同。有关回归假设的详尽讨论，可参见贝里的论述（Berry，1993）。下面，我简要地列举一下这些假设，并做一些说明。

1. 不存在模型设定错误。

(1) Y 是因变量，而非自变量。

(2) 自变量 X_1，X_2，…，X_k 确实对 Y 有影响。

(3) Y 和（X_1，X_2，…，X_k）之间是线性关系，而不是非线性关系。

2. 不存在测量错误。

(1) 变量是定量的，而非定序或名义的。

(2) 变量的测量都很精确。

3. 不存在完全共线性，即当每个自变量对所有其他自变量做回归时，没有一个方程的 $R^2 = 1.0$。

4. 误差项 ε 符合以下条件。

(1) 均值为 0。该假设基本上只和截距估计有关。

(2) 具有同方差性，即误差的方差在自变量取值不同时相同。这主要与横截面数据有关，譬如，在某一时间点搜集的以个人为单位的数据。

(3) 不存在自相关，即误差项之间不存在相关。这主要与纵贯数据有关，因为前一个时间点 $t-1$ 的误差很可能与另一个时间点 t 的误差存在相关。

(4) 不与任何自变量相关。需要这个假设是因为无法像做实验那样控制自变量。

(5) 服从正态分布。

如果假设 1 至假设 4(4)得到满足，那么最小二乘估计就是无偏的。最后一个假设，即 4(5)不是无偏性所必需的，但一般都会把它列在回归假设中，因为它保证了显著性检验的正当性。但如果样本足够大，根据中心极限定理，研究者就可以忽略这一正态假设。如果因变量是完全定量的(即不是二分类的，而且至少在原则上有较广的取值范围)，那么假设 1 至假设 4(4)意味着最小二乘估计同时也是有效的。总而言之，我们就可以认为这些估计是最佳无偏线性估计值，简称 BLUE(如果一个估计值的方差比另一个小，那我们就说这个估计值比另一个更有效；当最小二乘估计也有效时，我们就说它是“最佳的”)。如果因变量是二分类变量,那么最小二乘估计依然是无偏,但不再是有效的或者“最佳的”。因此其他估计值,比如 probit 或者 logit,就会更有效,就可能比一般最小二乘法更有优势(参见 Aldrich & Nelson, 1984; DeMaris, 1992)。

参考文献

Aldrich, J., and Nelson, F.(1984) *Linear Probability, Logit, and Probit Models*. Sage University Paper series on Quantitative Applications in the Social Sciences, 07-045. Beverly Hills, CA: Sage.

Berry, W. D. (1993) *Understanding Regression Assumptions*. Sage University Paper series on Quantitative Applications in the Social Sciences, 07-092. Newbury Park, CA: Sage.

Berry, W.D., and FELDMAN, S.(1985) *Multiple Regression in Practice*. Sage University Paper series on Quantitative Applications in the Social Sciences, 07-050. Beverly Hills, CA: Sage.

Bourque, L.B. and Clark, V.A.(1992) *Processing Data: The Survey Example*. Sage University Paper series on Quantitative Applications in the Social Sciences, 07-085. Newbury Park, CA: Sage.

Demaris, A.(1992) *Logit Modeling: Practical Applications*. Sage University Paper series on Quantitative Applications in the Social Sciences, 07-086. Newbury Park, CA: Sage.

Fox, J.(1991) *Regression Diagnostics: An Introduction*. Sage University Paper series on Quantitative Applications in the Social Sciences, 07-079. Newbury Park, CA: Sage.

Gibbons, J.D.(1993) *Nonparametric Measures of Association*. Sage University Paper series on Quantitative Applications in the Social Sciences, 07-091. Newbury Park, CA: Sage.

Hardy, M.A.(1993) *Regression With Dummy Variables*. Sage University Paper series on Quantitative Applications in the Social Sciences, 07-093. Newbury Park, CA: Sage.

Iversen, G.R., and Norpoth, H.(1987) *Analysis of Variance* (2nd Ed.). Sage University Paper series on Quantitative Applications in the Social Sciences, 07-001. Newbury Park, CA: Sage.

Jaccard, J., Turrisi, R., and WAN, C.K.(1990). *Interaction Effects in Multiple Regression*. Sage University Paper series on Quantitative Applications in the Social Sciences, 07-072. Newbury Park, CA: Sage.

Kalton, G.(1983) *Introduction to Survey Sampling*. Sage University Paper series on Quantitative Applications in the Social Sciences, 07-035. Beverly Hills, CA: Sage.

Lewis-Beck, M. S. (1980) *Applied Regression: An Introduction*. Sage University Paper series on Quantitative Applications in the Social Sciences, 07-022. Beverly Hills, CA: Sage.

Liebetrau, A.M.(1983). *Measures of Association*. Sage University Paper series on Quantitative Applications in the Social Sciences, 07-032. Beverly Hills, CA: Sage.

Mohr, L.B.(1990) *Understanding Significance Testing*. Sage University Paper series on Quantitative Applications in the Social Sciences, 07-073. Newbury Park, CA: Sage.

Weisberg, H.F.(1992) *Central Tendency and Variability*. Sage University Paper series on Quantitative Applications in the Social Sciences, 07-083. Newbury Park, CA: Sage.

译名对照表

autocorrelated	自相关
average Absolute Prediction Error(APE)	平均绝对预测误差
Best Linear Unbiased Estimator(BLUE)	最佳无偏线性估计
bivariate model	一元模型
central limit theorem	中心极限定理
central tendency	集中趋势
coefficient of determination	决定系数
coefficient of multiple determination	多元决定系数
confidence interval	置信区间
contingency table	列联表
cross-tabulation	交叉表
degree of freedom	自由度
dispersion	离散
dummy variable	虚拟变量
Error Sum of Squared deviations(ESS)	残差平方和
goodness-of-fit	拟合优度
homoskedastic	等方差性
least squares	最小二乘法
median	中位数
mode	众数
multiple regression	多元回归
multivariate model	多元模型
nominal variable	名义变量
omitted variable	忽略变量
ordinal variable	定序变量
Ordinary Least Squares(OLS)	一般最小二乘法
outlier	异常值
range	极差(全距)
Regression Sum of Squared deviations(RSS)	回归偏差平方和
population parameters	总体参数
prediction error	预测误差

sampling distribution	抽样分布
significance test	显著性检验
skewness	偏态
Standard Error of Estimate(SEE)	估计标准误
statistical control	统计控制
Total Sum of Squared deviations(TSS)	总偏差平方和

上海市版权局著作权合同登记号:图字 09-2013-596

格致方法・定量研究系列

1. 社会统计的数学基础
2. 理解回归假设
3. 虚拟变量回归
4. 多元回归中的交互作用
5. 回归诊断简介
6. 现代稳健回归方法
7. 固定效应回归模型
8. 用面板数据做因果分析
9. 多层次模型
10. 分位数回归模型
11. 空间回归模型
12. 删截、选择性样本及截断数据的回归模型
13. 应用 logistic 回归分析（第二版）
14. logit 与 probit：次序模型和多类别模型
15. 定序因变量的 logistic 回归模型
16. 对数线性模型
17. 流动表分析
18. 关联模型
19. 中介作用分析
20. 因子分析：统计方法与应用问题
21. 非递归因果模型
22. 评估不平等
23. 分析复杂调查数据（第二版）
24. 分析重复调查数据
25. 世代分析（第二版）
26. 纵贯研究（第二版）
27. 多元时间序列模型
28. 潜变量增长曲线模型
29. 缺失数据
30. 社会网络分析（第二版）
31. 广义线性模型导论
32. 基于行动者的模型
33. 基于布尔代数的比较法导论
34. 微分方程：一种建模方法
35. 模糊集合理论在社会科学中的应用
36. 图解代数：用系统方法进行数学建模
37. 项目功能差异（第二版）
38. Logistic 回归入门
39. 解释概率模型：Logit、Probit 以及其他广义线性模型
40. 抽样调查方法简介
41. 计算机辅助访问
42. 协方差结构模型：LISREL 导论
43. 非参数回归：平滑散点图
44. 广义线性模型：一种统一的方法
45. Logistic 回归中的交互效应
46. 应用回归导论
47. 档案数据处理：生活经历研究
48. 创新扩散模型
49. 数据分析概论
50. 最大似然估计法：逻辑与实践
51. 指数随机图模型导论
52. 对数线性模型的关联图和多重图
53. 非递归模型：内生性、互反关系与反馈环路
54. 潜类别尺度分析
55. 合并时间序列分析
56. 自助法：一种统计推断的非参数估计法
57. 评分加总量表构建导论
58. 分析制图与地理数据库
59. 应用人口学概论：数据来源与估计技术
60. 多元广义线性模型
61. 时间序列分析：回归技术（第二版）
62. 事件史和生存分析（第二版）
63. 样条回归模型
64. 定序题项回答理论：莫坎量表分析
65. LISREL 方法：多元回归中的交互作用
66. 蒙特卡罗模拟
67. 潜类别分析
68. 内容分析法导论（第二版）